21世纪高等学校规划教材 | 计算机应用

Flash动画制作技术

周雄俊 主编

董云艳 徐升 孙玉环 曾维静 编著

清华大学出版社

北京

内 容 简 介

本书由浅入深、循序渐进地介绍了 Flash CS3 在动画制作中的应用。全书采用知识讲解与典型案例相结合的方法以帮助读者掌握 Flash 软件的使用以及动画制作技能。

本书在写作体例上并不着眼于 Flash 功能的完全介绍,而是针对初学者的学习需求进行内容安排。在每章开始有本章说明、核心概念及学习建议,以帮助读者更好地理解本章的学习内容,以明确学习目标。本书主要内容包括 Flash 的环境及基本操作,用 Flash 进行图形绘制,用 Flash 制作动画、元件及声音的应用,Flash 脚本语言,动画的导出与发布等。

本书适合作为本科院校、高职高专院校及各类技术学校动漫、多媒体课程的教材,也可以作为 Flash 动画制作爱好者入门及提高的参考书。

图书在版编目(CIP)数据

Flash 动画制作技术/周雄俊主编;董云艳等编著. —北京:清华大学出版社,2011.1
(21 世纪高等学校规划教材·计算机应用)
ISBN 978-7-302-22915-5

Ⅰ. ①F… Ⅱ. ①周… ②董… Ⅲ. ①动画—设计—图形软件,Flash Ⅳ. ①TP391.41

中国版本图书馆 CIP 数据核字(2010)第 100251 号

责任编辑:魏江江 张为民
责任校对:时翠兰
责任印制:杨 艳

出版发行:清华大学出版社   地   址:北京清华大学学研大厦 A 座
          http://www.tup.com.cn   邮   编:100084
          社 总 机:010-62770175   邮   购:010-62786544
          投稿与读者服务:010-62795954,jsjjc@tup.tsinghua.edu.cn
          质 量 反 馈:010-62772015,zhiliang@tup.tsinghua.edu.cn
印 刷 者:北京市世界知识印刷厂
装 订 者:三河市新茂装订有限公司
经   销:全国新华书店
开   本:185×260   印 张:10.25 字 数:248 千字
版   次:2011 年 1 月第 1 版   印   次:2011 年 1 月第 1 次印刷
印   数:1~3000
定   价:39.50 元

产品编号:032750-01

编审委员会成员

（按地区排序）

浙江大学	吴朝晖	教授
	李善平	教授
扬州大学	李　云	教授
南京大学	骆　斌	教授
	黄　强	副教授
南京航空航天大学	黄志球	教授
	秦小麟	教授
南京理工大学	张功萱	教授
南京邮电学院	朱秀昌	教授
苏州大学	王宜怀	教授
	陈建明	副教授
江苏大学	鲍可进	教授
武汉大学	何炎祥	教授
华中科技大学	刘乐善	教授
中南财经政法大学	刘腾红	教授
华中师范大学	叶俊民	教授
	郑世珏	教授
	陈　利	教授
江汉大学	颜　彬	教授
国防科技大学	赵克佳	教授
	邹北骥	教授
中南大学	刘卫国	教授
湖南大学	林亚平	教授
西安交通大学	沈钧毅	教授
	齐　勇	教授
长安大学	巨永锋	教授
哈尔滨工业大学	郭茂祖	教授
吉林大学	徐一平	教授
	毕　强	教授
山东大学	孟祥旭	教授
	郝兴伟	教授
中山大学	潘小轰	教授
厦门大学	冯少荣	教授
仰恩大学	张思民	教授
云南大学	刘惟一	教授
电子科技大学	刘乃琦	教授
	罗　蕾	教授
成都理工大学	蔡　淮	教授
	于　春	讲师
西南交通大学	曾华燊	教授

出 版 说 明

　　随着我国改革开放的进一步深化,高等教育也得到了快速发展,各地高校紧密结合地方经济建设发展需要,科学运用市场调节机制,加大了使用信息科学等现代科学技术提升、改造传统学科专业的投入力度,通过教育改革合理调整和配置了教育资源,优化了传统学科专业,积极为地方经济建设输送人才,为我国经济社会的快速、健康和可持续发展以及高等教育自身的改革发展做出了巨大贡献。但是,高等教育质量还需要进一步提高以适应经济社会发展的需要,不少高校的专业设置和结构不尽合理,教师队伍整体素质亟待提高,人才培养模式、教学内容和方法需要进一步转变,学生的实践能力和创新精神亟待加强。

　　教育部一直十分重视高等教育质量工作。2007 年 1 月,教育部下发了《关于实施高等学校本科教学质量与教学改革工程的意见》,计划实施"高等学校本科教学质量与教学改革工程(简称'质量工程')",通过专业结构调整、课程教材建设、实践教学改革、教学团队建设等多项内容,进一步深化高等学校教学改革,提高人才培养的能力和水平,更好地满足经济社会发展对高素质人才的需要。在贯彻和落实教育部"质量工程"的过程中,各地高校发挥师资力量强、办学经验丰富、教学资源充裕等优势,对其特色专业及特色课程(群)加以规划、整理和总结,更新教学内容、改革课程体系,建设了一大批内容新、体系新、方法新、手段新的特色课程。在此基础上,经教育部相关教学指导委员会专家的指导和建议,清华大学出版社在多个领域精选各高校的特色课程,分别规划出版系列教材,以配合"质量工程"的实施,满足各高校教学质量和教学改革的需要。

　　为了深入贯彻落实教育部《关于加强高等学校本科教学工作,提高教学质量的若干意见》精神,紧密配合教育部已经启动的"高等学校教学质量与教学改革工程精品课程建设工作",在有关专家、教授的倡议和有关部门的大力支持下,我们组织并成立了"清华大学出版社教材编审委员会"(以下简称"编委会"),旨在配合教育部制定精品课程教材的出版规划,讨论并实施精品课程教材的编写与出版工作。"编委会"成员皆来自全国各类高等学校教学与科研第一线的骨干教师,其中许多教师为各校相关院、系主管教学的院长或系主任。

　　按照教育部的要求,"编委会"一致认为,精品课程的建设工作从开始就要坚持高标准、严要求,处于一个比较高的起点上;精品课程教材应该能够反映各高校教学改革与课程建设的需要,要有特色风格、有创新性(新体系、新内容、新手段、新思路,教材的内容体系有较高的科学创新、技术创新和理念创新的含量)、先进性(对原有的学科体系有实质性的改革和发展,顺应并符合 21 世纪教学发展的规律,代表并引领课程发展的趋势和方向)、示范性(教材所体现的课程体系具有较广泛的辐射性和示范性)和一定的前瞻性。教材由个人申报或各校推荐(通过所在高校的"编委会"成员推荐),经"编委会"认真评审,最后由清华大学出版社审定出版。

目前，针对计算机类和电子信息类相关专业成立了两个"编委会"，即"清华大学出版社计算机教材编审委员会"和"清华大学出版社电子信息教材编审委员会"。推出的特色精品教材包括：

(1) 21世纪高等学校规划教材·计算机应用——高等学校各类专业，特别是非计算机专业的计算机应用类教材。

(2) 21世纪高等学校规划教材·计算机科学与技术——高等学校计算机相关专业的教材。

(3) 21世纪高等学校规划教材·电子信息——高等学校电子信息相关专业的教材。

(4) 21世纪高等学校规划教材·软件工程——高等学校软件工程相关专业的教材。

(5) 21世纪高等学校规划教材·信息管理与信息系统。

(6) 21世纪高等学校规划教材·财经管理与计算机应用。

(7) 21世纪高等学校规划教材·电子商务。

清华大学出版社经过二十多年的努力，在教材尤其是计算机和电子信息类专业教材出版方面树立了权威品牌，为我国的高等教育事业做出了重要贡献。清华版教材形成了技术准确、内容严谨的独特风格，这种风格将延续并反映在特色精品教材的建设中。

清华大学出版社教材编审委员会
联系人：魏江江
E-mail：weijj@tup.tsinghua.edu.cn

前　言

Flash作为一款当前流行的动画制作软件,在动漫设计、网页广告设计、课件制作等领域均有广泛应用,越来越多的设计者借助于Flash这一款软件来表现自己的设计思想及创造力。同时,为适应社会的需求,Flash课程在各级各类学校教学中也广泛开设并受到欢迎,使各学校成为当前培养"闪客"的一支主力军。

根据作者多年的教学经验来看,适合学校教学的初学者教材既要符合学校教学的特点,又要充分考虑初学者的学习需求。我们认为,在对初学者进行入门教学时,在软件的介绍上不应该要求面面俱到,而应该有针对性地选择入门知识让学生快速掌握动画的制作,并在充分认识用Flash制作动画的一些基本原理及思考方式后,以实例教学的手段提高学生对软件的使用能力,最后达成技能的掌握及设计能力的形成。在本书的编写中,我们力图让这种思想显现出来,因此在编写的体例上注重了本书的教学性,章节的编排力求符合学生对软件使用的需求,在每章开始前有本章说明、核心概念及学习建议等辅助学习内容,以帮助读者更好地理解本章的学习内容,达成学习目标,在内容安排上注意由浅入深、循序渐进,以知识讲解与典型案例相结合的方式,帮助读者迅速掌握Flash软件的使用以及动画制作技能。

本书的编写思路为:

(1) 熟悉Flash的环境及基本操作,然后掌握用Flash进行图形绘制。

(2) 掌握Flash基本动画及图层动画的制作。

(3) 利用元件制作复合动画并为动画加入声音。

(4) 认识Flash脚本语言并制作交互性动画。

(5) 掌握动画的导出与发布。

因此,本书的章节内容主要包括Flash的环境及基本操作,用Flash进行图形绘制,用Flash制作动画、元件及声音的应用,Flash脚本语言,动画的导出与发布等。

全书由周雄俊主编并统稿,参与编写的人员有董云艳、徐升、孙玉环、曾维静,另外,杨眉参与了本书部分资料的整理工作。

本书在编写过程中,参照和引用了相关书籍的部分内容及资料,在此予以说明并深表感谢。

由于编者的经验及水平有限,书中的缺点及不足之处在所难免,敬请广大读者批评指正。

作　者

2010年10月于成都

目　录

第 1 章

Flash的环境和基本操作

本章说明

通过本章的学习，熟悉 Flash CS3 的工作环境，并能熟练掌握 Flash CS3 的基本操作，为后续学习制作精美动画打下坚实的基础。

核心概念

界面、基本操作

学习建议

(1) 通过阅读初步了解 Flash CS3 的开发环境及其界面的构成，能够理解核心概念的含义。

(2) 通过实际操作加强对 Flash 工作环境及其基本操作的理解和认识。

1.1 Flash CS3 入门

本节介绍 Flash CS3 的界面构成和一些基本的操作。

1.1.1 Flash CS3 起始页面

1. 打开 Flash CS3

对于对计算机陌生的初学者来说，要学习 Flash CS3 软件，首先要知道怎么打开该软件。

选择【开始】|【程序】命令，在【程序】子菜单下选择 Adobe Flash CS3 启动程序，也可以直接双击桌面上的快捷方式。

2. 起始页

打开 Flash CS3 软件后，在 Flash CS3 默认状态下会打开【起始页】界面，如图 1-1 所示。

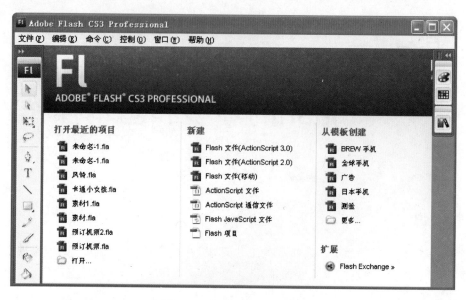

图 1-1　Flash CS3 起始页面

这个页面包括如下几部分内容。

（1）打开最近的项目：将最近打开的 7 个文件的名称和路径保存起来，方便用户快速打开。单击【打开】图标则会弹出【打开文件】对话框。

（2）新建：方便不同的用户创建不同的项目类型。

（3）从模板创建：模板是事先定义好的一种格式，Flash 定义了很多种常用的文档模板，以针对某项功能所制作的 Flash 文件。

（4）扩展：安装插件。

（5）在线教程：通过网络学习 Flash。

1.1.2　主界面

Flash CS3 对用户界面进行了更新，使其与其他 Adobe Creative Suit CS3 组件共享公共的界面。所有 Adobe 软件都具有一致的外观，可以帮助用户更容易地使用多个应用程序。

Flash CS3 的操作界面如图 1-2 所示。

熟悉了 Flash CS3 的操作界面后，下面就详细介绍工具箱、时间轴、图层、场景、属性面板的功能及使用方法。

1．工具箱

在默认的工作环境中，工具箱在界面的左边，单击工具箱上面的小三角可以折叠工具箱和展开工具箱。单击工具箱同时拖动鼠标可以将工具箱置于工作环境的任何一个位置，如图 1-3 所示。运用工具箱可以绘制、编辑图形。

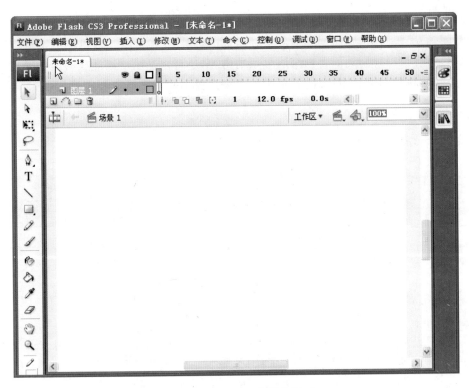

图 1-2　Flash CS3 的操作界面

图 1-3　工具箱

2. 时间轴

【时间轴】面板是由帧、图层和播放指针组成的,如图 1-4 所示。时间轴用于组织动画各帧的内容,并且可以控制动画每帧每层显示的内容,还可以显示动画播放的速率等信息。单击右上角的【帧视图】按钮,打开的菜单中包含许多控制帧视图的命令。

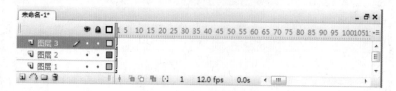

图 1-4　时间轴和图层

> 小知识　【图层】面板是进行层显示和操作的主要区域,由层名称和几个相关层的操作功能按钮组成。

3. 场景

一个 Flash 动画文件可能包含若干个层和帧。每个场景中的内容可能是某个相关主题的动画。Flash 利用不同的场景组织不同的动画主题。一般情况下都只用一个场景,如网页动画或 MTV 制作,但在制作工程量较大或复杂的动画(如 Flash 网站)时,可能会用到几个场景。利用多个场景制作动画主要是为了使动画分类清晰,修改方便。

执行【窗口】|【其他面板】|【场景】命令,打开【场景】面板,如图 1-5 所示。单击场景名称可以在不同的场景之间来回切换。

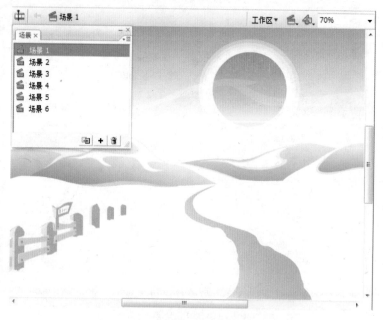

图 1-5　【场景】面板

> **小知识** 在【场景】面板中单击【添加场景】按钮 ✚ 可以添加场景,单击【删除场景】按钮 🗑 可以删除场景。

4．【属性】面板

根据选择的工具或者选中的对象来决定显示的属性选项。例如,若选择【矩形工具】,在场景中绘制一个矩形,则在【属性】面板中可以设置笔触颜色、填充颜色、笔触样式、矩形边角半径等,如图 1-6 所示。

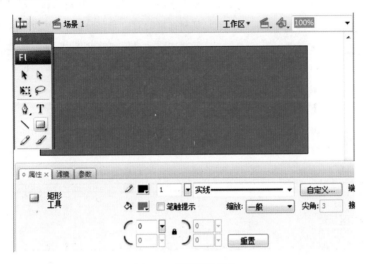

图 1-6 【属性】面板

1.1.3 其他工作界面

1．菜单栏

Flash CS3 中共有 11 个菜单项,分别是文件、编辑、视图、插入、修改、文本、命令、控制、调试、窗口和帮助菜单。Flash CS3 的菜单栏如图 1-7 所示。

图 1-7 Flash CS3 的菜单栏

2．常用工具栏

常用工具栏由多个工具按钮组成,在动画制作环境下提供对常用命令(如新建、打开等)的快速访问,如图 1-8 所示。用户只需单击工具栏上的按钮,即可执行该按钮所代表的操作。

图 1-8 Flash CS3 的常用工具栏

工具栏能紧贴在菜单栏之下，也可以垂直紧贴在左右边框上，还可以拖放在窗口内的任意位置。工具栏各按钮的意义说明如表 1-1 所示。

表 1-1　Flash CS3 中工具栏按钮介绍

图　标	名　称	作　用
▢	新建	创建一个新的 Flash 动画
🖿	打开	打开一个已经存在的 Flash 文件
🖫	保存	保存当前编辑的 Flash 文件
🖶	打印	将当前编辑的 Flash 画面输出到打印设备
✂	剪切	复制选定的对象到剪贴板中并把原对象删除
▤	复制	复制选定的对象到剪贴板中，原对象保持不变
▤	粘贴	将剪贴板中的对象粘贴到舞台
↺	撤销	撤销以前对象的操作
↻	重复	重复最后一次撤销操作
🧲	磁铁	可以在拖放操作时进行辅助精确定位
↻	旋转与倾斜	调节选定对象在舞台中的角度
⟐	缩放	调节选定的对象尺寸

3．舞台工作区

舞台是 Flash 中所有可见媒体进行“表演”的地方。就像电影一样，Flash 将动画的时间长度划分为帧，每一帧的内容都将在舞台上得以表现。在创作和编辑 Flash 动画时，也需要在舞台上组织动画每一帧内容。

在舞台的标题栏中显示了当前场景名称为“场景 1”，在舞台标题栏的右侧有两个按钮：一个是【编辑场景】按钮 🖼，单击该按钮，在弹出的下拉式菜单中可以选择需要编辑的场景；另一个是【编辑元件】按钮 🖼，单击该按钮可以选择需要编辑的元件。这两个按钮右侧的缩放控制下拉列表框显示的是舞台显示比例，并允许对舞台显示比例进行设定。在舞台的右侧和下方各有一个滚动条，可以控制舞台的显示位置。

4．控制面板

与 Photoshop 一样，Flash CS3 也将一些常用面板设置在界面的右侧，以方便调用。下面对常用的面板进行简单的介绍。

1）【信息】面板

【信息】面板用来显示和设置执行所选择对象的相关信息，选择【窗口】|【信息】命令，打开 Flash CS3 的【信息】面板，如图 1-9 所示。

2）【变形】面板

【变形】面板用以对选取的图形进行大小比例、旋转及斜角度等的编辑控制。选择【窗口】|【变形】命令，打开【变形】面板，如图 1-10 所示。

图 1-9　【信息】面板

图 1-10　【变形】面板

3）【混色器】面板

选择【窗口】|【颜色】命令，打开【颜色】面板，如图 1-11 所示，可以对绘制的线条和填充区域的色彩、渐变样式进行设置。先为选取的图形设置好色彩填充模式，然后用点选或输入数值的方式设置需要的颜色。

4）【样本】面板

选择【窗口】|【颜色样本】命令，打开"样本"面板。在【样本】面板中以色相列表的方式为绘图编辑提供了 216 种网络安全色彩模式，还可以将常用的色彩添加到面板中以及设置需要的配色管理方案，如图 1-12 所示。

图 1-11　【颜色】面板

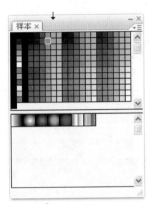

图 1-12　【样本】面板

5）【对齐】面板

选择【窗口】|【对齐】命令或单击主要工具栏上的【对齐】按钮，可以打开【对齐】面板，如图 1-13 所示。【对齐】面板可以对选定的多个物体进行对齐操作。

6）【影片浏览器】面板

【影片浏览器】面板是用于查看影片的编排结构及各种角色内容，选择和修改动画组成元素。可以选择【窗口】|【影片浏览器】命令来打开该面板，如图 1-14 所示。

7）【行为】面板

【行为】面板针对互动多媒体程序的创建提供了更方便的编辑方式。

利用 Flash CS3 提供的行为命令，只需要设置好对应的参数，即可实现对影片的播放控制、媒体素材的装卸、数据源的触发等功能。选择【窗口】|【行为】命令即可打开该面板，如图 1-15 所示。

图 1-13　【对齐】面板

图 1-14　【影片浏览器】面板

图 1-15　【行为】面板

8）【库】面板

元件库是 Flash 中用来管理影片编辑所使用的元件的重要功能面板。可以选择【窗口】|【库】命令来打开该面板，如图 1-16 所示。

9）【动作】面板

【动作】面板是在 Flash 中进行交互电影编辑的重要功能面板。

Flash CS3 使用 ActionScript 3.0 作为语言工具，对各种命令作了合理的整理，方便在互动影片的创作中快速、准确地进行脚本编辑。选择【窗口】|【动作】命令可以打开该面板，如图 1-17 所示。

图 1-16　【库】面板

图 1-17　【动作】面板

1.2　Flash CS3 的基本操作

本节介绍 Flash CS3 的工作流程，让读者初步了解 Flash 动画的基本制作方法，并掌握创建文档、创建动画、测试动画、保存文档等内容。

1.2.1 创建新文档

（1）在起始页单击 Flash 文件，进入 Flash CS3 界面。

（2）设置文档属性：根据所制作动画的类型，对文档大小进行修改。现在制作一个逐帧动画，设置文档大小为 400×400 像素。按下 Ctrl+J 快捷键，打开【文档属性】对话框，在【尺寸】文本框中设置大小，其他使用默认值，如图 1-18 所示。

> **小知识** 修改文档大小还可以使用【修改】|【文档】命令打开该对话框，也可以用鼠标右键单击舞台，在弹出的快捷菜单中选择【文档属性】命令打开该对话框。在Flash 中设置的舞台大小，最小为 1×1 像素，最大为 2880×2880 像素。

1.2.2 导入素材

选择【文件】|【导入】|【导入到库】命令，打开【导入】对话框，选择要导入的图片并导入到库中，如图 1-19 所示。

图 1-18 设置文档大小

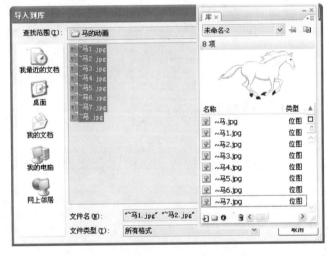

图 1-19 导入素材

1.2.3 制作动画

（1）使用【箭头工具】选中库里的位图"马.jpg"并拖动到舞台中，如图 1-20 所示。

（2）按 Ctrl+K 快捷键打开【对齐】面板，单击【相对于舞台】按钮，并单击【对齐】面板中的【水平中齐】和【垂直中齐】按钮，使位图定位到舞台的中心，如图 1-21 所示。

（3）选择时间轴上的第 2 帧，单击右键，在弹出的快捷菜单中选择【插入空白关键帧】命令，用【箭头工具】将第二张位图拖入到舞台，并使其相对于舞台中心对齐，如图 1-22 所示。

（4）同理，创建第 3 帧到第 8 帧的内容，如图 1-23 所示。

（5）按 Ctrl+Enter 快捷键测试动画。测试完动画，没有问题的话，保存文档即可。

图 1-20　将素材拖到舞台

图 1-21　【对齐】面板

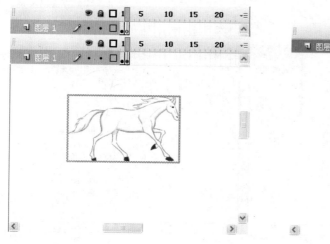

图 1-22　创建第 2 帧

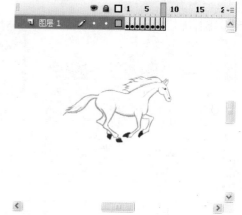

图 1-23　创建其他帧

扩展阅读：动画原理

从传统意义上说，动画是通过在连续多格的胶片上拍摄一系列的单个画面，使胶片连续运动从而产生动态视觉效果的技术和艺术。动画的产生基于人的相关生理和心理因素。

1. 动画产生的生理基础

动画是将静止的画面变为动态的艺术。由静止到动态的实现，主要是靠人眼的视觉暂留效应。客观事物对眼睛的刺激停止后，它的影像还会在眼睛的视网膜上存在一刹那，有一定的滞留性，此即视觉暂留。例如转动的自行车轮子。

2. 动画产生的心理基础

前面提到的一系列的单个画面之间是要有联系的，每张图片之间要有相似和不同之处，

图 1-24 为马奔跑的系列图，如果一系列不相干的图片连续播放是无法形成动画效果的。

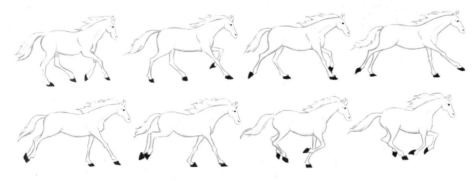

图 1-24　马奔跑

　　动画片中的动画一般也称"中间画"。中间画是针对两张原画的中间过程而言的。动画片中的动作是否流畅、生动，关键要靠"中间画"是否完善。这里的中间画其实就是一系列有联系的图片。

　　一般先由原画设计者绘出原画，然后动画设计者根据原画规定的动作要求及帧数绘制中间画。

　　计算机动画是在传统动画的基础上，采用计算机图形图像技术而迅速发展起来的一门高新技术。动画使得多媒体信息更加生动，富于表现力。

第 2 章

Flash的绘图操作

通过本章的学习，认识 Flash CS3 的绘图工具，并熟练掌握 Flash CS3 的基本绘图操作。

绘图工具

通过"实例制作"，结合"扩展阅读"和"小知识"的内容，认真思考，动手练习，掌握绘图工具的使用。

2.1　Flash CS3 的绘图工具箱

本节介绍如何使用 Flash 工具箱中的绘图工具及图形编辑工具。

Flash CS3 工具箱包括绘图工具、填色工具、修改工具、文本工具和查看工具。

2.1.1　笔触和填充

我们在画画时，总是先用铅笔勾出外形轮廓，然后再用水彩笔或蜡笔在轮廓里填充各种颜色。在 Flash 中，作图的原理也是这样。先用线条类工具画出边框轮廓，也就是笔触，再用填充工具填充颜色。

当然也可以画只有笔触没有填充或只有填充没有笔触的图形。

在工具面板的下面找到笔触和填充，将笔触设置为黑色，填充色为橙色，用【矩形工具】画一个矩形，如图 2-1 所示。

双击填充区域选中矩形，打开【属性】面板，可以看到【属性】面板中自动显示出所选图形的笔触和填充，可以分别设置图形的笔触和填充，如图 2-2 所示。

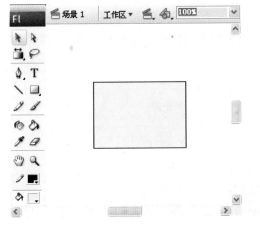

图 2-1 画一个矩形

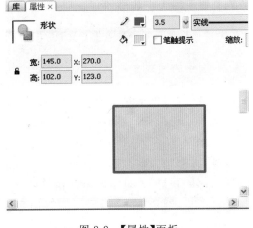

图 2-2 【属性】面板

2.1.2 绘图工具

绘图工具可以绘制各种自由或精确的线条和形状。一般绘图工具如表 2-1 所示。

表 2-1 绘图工具介绍

工 具	名 称	功 能
✏	铅笔工具	用于绘制矢量线和任意形状的图形
✒	刷子工具	可以创建特殊效果,绘制出刷子般的笔触
＼	线条工具	用于绘制任意的矢量线段
✒	钢笔工具	用于绘制任意形状的图形还可以作为选取工具使用
▢	椭圆工具 ◯	用于绘制实心或者空心的椭圆和圆
	矩形工具 ▢	用于绘制长方形和正方形
	基本矩形工具 ▣	可以建立圆角矩形
	基本椭圆工具 ◉	建立任意角度的扇形
	多角星形工具 ◯	可以绘制多边形和星形

【铅笔工具】✏ 和平时使用的铅笔类似,既可以用来绘制各种颜色、粗细和样式的线条、也可以用来绘制任意的形状,还可以自己随意在画布上涂鸦。

选择【铅笔工具】,在工具栏的下方单击【铅笔模式】按钮,可以看到【铅笔工具】有 3 个绘图模式:直线化、平滑和墨水。

【直线化】绘图模式,可以将画出的与三角形、椭圆、圆形、矩形等常见形状接近的图形转化为规则的几何形状。

【平滑】绘图模式绘制出的线条比较平滑,有弧度。可以在【属性】面板中改变笔触的平滑度,在 0～100 之间调节,平滑度越大,线条就越平滑。

【墨水】绘图模式绘制出来的线条最接近原始手绘风格。

【刷子工具】✒ 可以画出像水彩笔涂色一样的效果。与【铅笔工具】不同的是,它绘制出来的是填充区域,所以使用【刷子工具】时应设置填充颜色。

1．刷子的大小和形状

先选中【刷子工具】，在【工具】面板中的【选项】中设置填充颜色、刷子大小和刷子形状。

2．刷子的模式

【标准绘画】模式绘制的区域能把舞台上的笔触和填充都覆盖。

【颜料填充】模式绘制的区域只覆盖填充区域。

【后面绘画】模式绘制的区域在原来图像的后面。

【颜料选择】模式绘制的区域只有在原有图像被选中的区域才会显示。

【内部绘画】模式是由原来图像的内部开始绘图，不影响笔触。

Flash 中的【刷子工具】不仅能够用来涂抹画布，它还有很多强大的功能。选择不同的刷子模式，可以进行不同要求的绘画。

【线条工具】＼ 是用来画各种直线的，与【铅笔工具】相同之处在于，绘制出来的都是笔触，不同的是，【铅笔工具】能随心所欲地绘制出各种形状的线条，而【线条工具】只能画直线。

按住 Shift 键可以绘制水平、垂直、斜方向呈 45°或 135°角的直线。

【钢笔工具】 可以用来绘制直线和光滑的曲线，并且可以精确地设置直线的长度、角度以及曲线的斜率。它绘制出的线条是笔触，但是如果线条是封闭的，则其内部会自动填充颜色。

（1）用【钢笔工具】绘制直线。

选择【钢笔工具】，在舞台上要绘制直线的地方依次单击，则相邻两次单击的地方以直线连接。绘制好以后，再次单击最后一个点，结束该线条的绘制。

按住 Shift 键则画出的线段夹角是 45°角的倍数。

（2）用钢笔工具绘制曲线。

在绘制直线时是用【钢笔工具】在舞台上单击各个点，而绘制曲线则需要在舞台上单击并拖动鼠标。

【椭圆工具】 是用来画椭圆或圆形的工具，它可以同时绘制笔触和填充。

（1）选择【椭圆工具】，在舞台上单击并拖动鼠标，到合适位置释放鼠标，此时绘制的就是椭圆。

（2）选择【椭圆工具】后，在【属性】面板中，可以设置圆形的"起始角度"和"结束角度"参数，从而绘制出半圆或其他角度的圆形。

【矩形工具】 可以用来绘制矩形、正方形、圆角矩形和圆形，能同时绘制笔触和填充。

（1）选择【矩形工具】，在舞台中单击同时拖动鼠标，直到合适为止，释放鼠标，则可以绘制矩形。

（2）选择【矩形工具】后，在【属性】面板中设置矩形边角半径，从而控制矩形边角的圆滑度，绘制圆角矩形。

> **小知识**　在绘制图形时，按住 Shift 键可以绘制正方形图形，按住 Alt 键可以绘制以起点为中心的矩形，按住 Shift＋Alt 键可以绘制以起点为中心的正方形。

【基本矩形工具】▢ 可以自由控制矩形边角半径。选择【基本矩形工具】绘制矩形后，用【选择工具】选中矩形边角并拖动即可调整边角半径。

2.1.3 填色工具

填色工具可以用来改变笔触或填充的颜色和样式。填充效果可以是纯色，也可以是渐变色，甚至可以是位图。填色工具如表 2-2 所示。

表 2-2 填色工具

工　具	名　称	功　能
⬢	墨水瓶工具	用于设置或改变边框线的颜色、粗细、线形等
⬢	颜料桶工具	用于对封闭轮廓范围或图形块区域进行颜色填充
⬢	滴管工具	用于对色彩进行采样，可以拾取描绘色、填充色以及位图图形等

【颜料桶工具】⬢ 用于填充无填充色的轮廓线或者改变现有色块的颜色。选择【颜料桶工具】，在需要填充的图形上单击，即可填充设置的填充色。

【颜料桶工具】可以对图形进行纯色填充、渐变填充和位图填充等。

2.1.4 修改工具

作品需要经过不断修改和完善，才能更加精益求精。修改工具如表 2-3 所示。

表 2-3 修改工具

工　具	名　称	功　能
⬢	选择工具	主要用于选择工作区中的对象和修改线条
⬢	部分选取工具	用于对路径上的控制点进行选取、拖曳、调整路径方向及删除节点等操作
⬢	任意变形▨	用于对各种对象进行 5 种方式的变形处理，分别是旋转、倾斜、缩放、扭曲和封套
⬢	渐变变形 ⬢	用于调整渐变色、填充物和位图的尺寸、角度和中心点
⬢	橡皮擦工具	用于擦除不需要的图形
⬢	套索工具	可以自由选定要选择的区域

【选择工具】▸ 有两个作用：一是用它来选择并移动舞台上的一些对象；另外还可以用它调整图形的轮廓或填充的形状。

【部分选择工具】▸ 可以用来调整路径的锚记点。【部分选择工具】通常都是配合【钢笔工具】一起使用的，用来对【钢笔工具】绘制出来的形状进行调整和完善。通过改变锚记点的位置和该锚记点的切线手柄长度和方向，就能改变线条或封闭图形的形状。

【任意变形工具】▨ 可以任意改变所选对象的形状。【任意变形工具】有 4 种变形模式，分别是旋转与倾斜、缩放、扭曲和封套。

【渐变变形工具】 可以用来改变【颜料桶工具】所填充区域的效果。

用【颜料桶工具】可以在填充对象时使用线性填充、放射状填充和位图填充等方式,而【填充变形工具】可以用来改变这些填充方式的效果。

【橡皮擦工具】 是用来擦除笔触和填充的。单击舞台上想要擦除的地方,就可以对笔触或填充对象进行擦除。双击【橡皮擦工具】可以一次性清除舞台上的所有内容。

(1)橡皮擦的形状和大小:选中【橡皮擦工具】,则【工具】面板的选项中会出现橡皮擦模式和水龙头两个按钮,以及橡皮擦形状下拉列表。

橡皮擦形状下拉列表中包括圆和方两种形状,每种形状有5种大小。

(2)橡皮擦的模式:橡皮擦有5种模式,分别是标准擦除、擦除填色、擦除线条、擦除所选填充和内部擦除。

(3)水龙头:使用水龙头可以通过单击来快速擦除相连的笔触或填充区域。

2.1.5　文本工具

【文本工具】T 可以用来编辑文本和建立文字交互,是一个很重要的工具。选中【文本工具】后,在【属性】面板中会出现针对【文本工具】的一些选项设置,如图2-3所示。

图 2-3　文本属性

(1)文本类型:静态文本、动态文本和输入文本。

(2)文本字体:在字体的下拉列表框中列出安装的所有字体。

(3)字体的大小、颜色:字号用来设置字体的大小,字色用来设置字体的颜色。

(4)文本方向:默认的文本方向是从左到右的水平方向,也可以创建由上而下的竖直方向的文本。

2.1.6　查看工具

在 Flash 中,舞台就是我们的画布,使用【查看工具】可以对舞台上的对象进行移动、放大、缩小等操作,但是这些操作不会改变舞台上原有对象的任何属性。查看工具如表2-4所示。

表 2-4　查看工具

工　具	名　　称	功　　能
🖐	手形工具	可以用来平移舞台
🔍	缩放工具	可以改变舞台显示比例来查看舞台

【手形工具】用来平移舞台,便于查看舞台上的对象。

【缩放工具】通过改变舞台显示比例来查看舞台。

2.2　角色绘制实例

本节通过实例的学习,进一步掌握绘图工具的使用。

2.2.1　绘制笑脸

利用【选择工具】对线条进行变形,绘制简单图形。

(1) 建立一个新的 Flash 文档。

(2) 用画圆工具画一个空心圆,再用【直线工具】在眼睛和嘴巴位置画出线段,如图 2-4 所示。

(3) 选择【选择工具】,让鼠标逐渐靠近线段,当鼠标箭头末端虚线框变为圆弧时,按住鼠标左键拉弯线段,构成脸部表情,如图 2-5 所示。

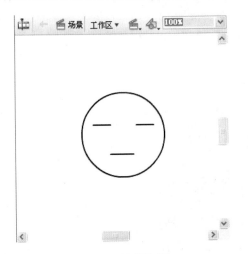

图 2-4　绘制脸部

图 2-5　制作表情

 小知识

　　　将【选择工具】移动到线条上,鼠标箭头末端会变成弧线,可以将线条拉弯。当【选择工具】移动到线的端点时,鼠标箭头末端变成直角,可以将线条拉长或改变方向。

2.2.2　绘制月牙和云朵

利用画圆工具绘制正圆和椭圆,然后将图形进行叠加形成月牙和云朵。

(1) 新建一个文件,将文档的颜色改为深蓝色。

(2) 用画圆工具画一个黄色的没有笔触的圆,再用【选择工具】选中圆,按住 Alt 键,拖动复制一个圆。将复制得到的圆修改为黑色,如图 2-6 所示。

（3）用【选择工具】将黑色的圆拖动至黄色圆的上方，如图 2-7 所示。然后选中黑色的圆并将其删除，得到月牙的形状。

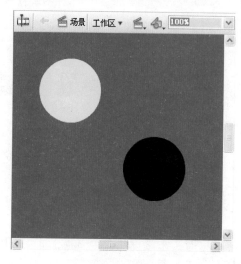

图 2-6　画圆

图 2-7　绘制月牙

（4）用画圆工具画 5 个白色的无边框的椭圆，再用【选择工具】拖动椭圆并叠加形成云朵，如图 2-8 所示。

图 2-8　绘制云朵

小知识

（1）用画圆工具随意拖动可以绘制椭圆。在拖动鼠标的过程中，当十字形鼠标右上角出现小的正圆时，此时画的是正圆，或者按住 Shift 键也可以画出正圆。

（2）用绘图工具绘制的图形，同色叠加就会融合为一个整体，例如，云朵的绘制；异色叠加会产生消除现象，上方的图形会覆盖下方的图形，例如，月牙的绘制。

2.2.3 绘制小人

用【椭圆工具】、【矩形工具】、【线条工具】和【变形工具】绘制小人。

（1）新建一个 Flash 文件。

（2）画轮廓。用【椭圆工具】和【线条工具】绘制小人的轮廓，再用【选择工具】进行调整。笔触颜色为＃000000，Alpha 60％，如图 2-9 所示。

（3）填充颜色。打开【颜色】面板，选择放射状填充，颜色为左色标＃FFFFCC，右色标＃FFFF66。为脸部和身体填充颜色。用【填充变形工具】进行调整，如图 2-10 所示。

图 2-9 画轮廓

（4）绘制腮红和高光。新建一个图层，用【椭圆工具】画腮红，填充为放射状渐变色：左色标＃FF6633，Alpha 30％；右色标＃FFFF66，Alpha 0％。再用【椭圆工具】画高光，填充色为放射状渐变色，两个色标都是白色，右边色标的 Alpha 值为 0％。对填充色进行调整，如图 2-11 所示。

图 2-10 填充颜色　　　　　　　　　　图 2-11 画腮红和高光

> **小知识** 在【混色器】面板中，我们不仅可以设置图形的笔触颜色、填充颜色，用■工具还可以设置对象以白色或者黑色方式显示；单击其中的▱按钮，可以消除矢量图形的边框；单击 ⇄ 按钮可交换矢量图形填充颜色和边框颜色；"类型"下拉列表框中的选项用于设置图像的不同填充效果；Alpha 用于设置颜色的透明度，取值范围为 0～100％，取值越小，其图像透明度越高。

（5）画四叶草。新建一个图层，绘制一个没有边框的矩形，填充色为放射状：左色标＃006600，右色标＃00CC33。用【任意变形工具】的封套模式将矩形调整为四叶草形状，再用【选择工具】进行调整，如图 2-12 所示。

将四叶草移动到小人旁边并调整大小，如图 2-13 所示。

（6）绘制阴影并添加文字。新建一个图层，并移至最底层，用【刷子工具】绘制阴影，颜色为＃333333，Alpha 40％。添加文字 Happiness，字体为 Edwardian Script ITC。选中所有笔触，大小调整为 1.5，如图 2-14 所示。

图 2-12 画四叶草   图 2-13 调整四叶草   图 2-14 完成绘图

2.2.4 绘制苹果

用绘图工具、填充工具和修改工具绘制苹果。

（1）新建一个 Flash 文件。

（2）画苹果外形。用画圆工具画一个空心圆，用修改工具调整成苹果的形状，如图 2-15 所示。

> **小知识**　在用【选择工具】调整线条的过程中，调整不好的地方需要添加节点再调整。按住 Ctrl 键或 Alt 键，拖动鼠标到适当的位置，松开鼠标左键，则这条边产生两个尖角，以方便调整形状。

（3）填充颜色。打开【颜色】面板，选择放射状填充：左色标＃F8AF7A、右色标＃A71E25。用填充工具给苹果填充颜色，然后用【颜色修改工具】进行调整，如图 2-16 所示。

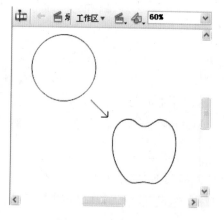

图 2-15 画苹果外形

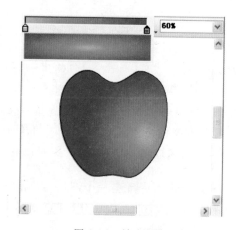

图 2-16 填充颜色

（4）绘制高光。用【选择工具】调整苹果形状，新建"图层 2"图层，选中笔触复制粘贴到新的图层上。为"图层 2"图层填充放射状颜色：左色标＃DF8C84，Alpha 63％；右色标＃D8936C，Alpha 0％。并用修改工具进行调整，然后删除两个图层的笔触，如图 2-17 所示。

　　（5）绘制凹陷效果。新建"图层3"图层，在苹果上方画一个矩形，然后用【选择工具】调整形状，如图2-18所示。在【颜色】面板中设置为放射状填充：左色标＃3C410C，Alpha 41％；中色标＃C8D926，Alpha 24％；右色标＃F4510B，Alpha 0％，调整填充。

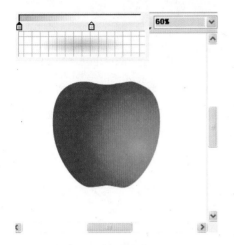

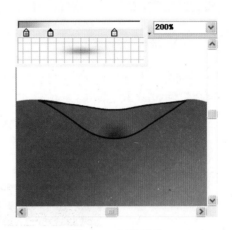

图2-17　绘制高光　　　　　　　　　　图2-18　调整形状

　　在图2-18所示的图形下方画一个矩形，用【选择工具】调整形状，填充色设置为放射状填充，色标从左到右依次为：＃B72E0D，Alpha 0％；＃820613，Alpha 58％；＃AB3232，Alpha 21％；＃BE0912，Alpha 0％。调整填充，并删除笔触，如图2-19所示。

　　（6）凹陷增加高光。新建"图层4"图层，用画圆工具画一个细长的椭圆，填充为放射状：左色标＃C8D926，Alpha 16％，右色标＃F4510B，Alpha 0％。调整填充色并复制5个，结合【任意变形工具】按图2-20所示进行摆放。

　　（7）画苹果蒂。新建"图层5"图层，用【矩形工具】和【直线工具】绘制苹果蒂，上面的椭圆填充色为放射状：放射状左色标＃A27C3D，中色标＃B49463，右色标＃490200，下面的填充为线性：左色标＃624D2F，右色标＃490200。调整填充并删除笔触，如图2-21所示。

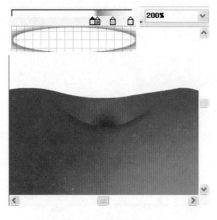
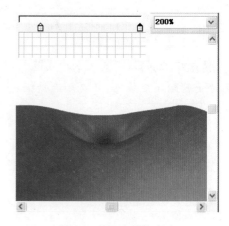

图 2-19   调整填充   图 2-20   凹陷增加高光

（8）画斑点。新建"图层 6"图层，用【刷子工具】画斑点，用两种色画斑点：♯BD463C，Alpha 63％；♯C04C40，Alpha 100％。用【选择工具】对形状进行调整，如图 2-22 所示。

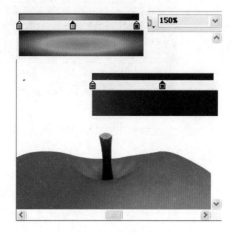

图 2-21   画苹果蒂   图 2-22   画斑点

> **小知识**   【刷子工具】绘制的是填充部分，【选择工具】也可以直接对填充的边缘进行修改，从而修改填充的形状，原理与修改笔触一样。

选中所有的斑点，右击选择"转换为元件"选项，如图 2-23 所示，在【名称】一栏中输入"斑点"，在【类型】选项中选中"影片剪辑"单选按钮，单击【确定】按钮。

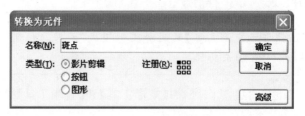

图 2-23   转换为元件

在打开的【滤镜】面板中做滤镜效果,模糊值为 X2 和 Y7,如图 2-24 所示。

 在 Flash 中,只有文字、按钮、影片剪辑才可以添加滤镜效果。

(9) 最后效果如图 2-25 所示。

图 2-24 【滤镜】面板

图 2-25 苹果效果

2.2.5 秋天的猫

用【铅笔工具】、【部分修改工具】等绘制秋天的猫。

(1) 新建一个文件。

(2) 用【椭圆工具】画一个空心圆,再用【部分选择工具】选中椭圆,为椭圆添加锚点,如图 2-26 所示。

 单击【钢笔工具】右下角的黑色小三角,可以看到钢笔的几种状态。

【钢笔工具】⬥ 可以在舞台上绘制图形,单击一下,就能确定一个锚点。

【添加锚点工具】⬥ 单击一下即可添加一个手柄。

【删除锚点工具】⬥ 单击一下即可删除该手柄。

【转换锚点工具】⬥ 单击一下即可将原来是弧线的句柄变成两条直线的连接点。

(3) 利用【部分选择工具】选中左边刚添加的锚点,向左上方拖动。按住 Alt 键分别调整该锚点两端的切线手柄,以产生猫耳朵的轮廓。使用同样的方法,绘制另一只耳朵。并填充颜色为#FFFF66,如图 2-27 所示。

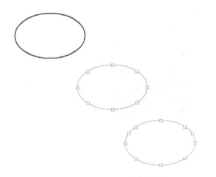

图 2-26 为椭圆添加锚点

(a) 轮廓

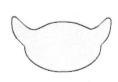

(b) 成形

图 2-27 画猫耳朵

小知识　锚点有两种,分别是角点和平滑点。选中角点不会出现切线手柄或只出现一条,选中平滑点,会同时出现两条切线手柄。

【部分选择工具】可以拖动锚点的位置,也可以拖动手柄来修改形状。

选中角点,按住 Alt 键,拖动该角点,则该角点转换为平滑点。

选中平滑点,按住 Alt 键,再拖动切线手柄的一个端点,可以调整单个切线手柄。

(4) 选择【铅笔工具】,绘制猫的身体和尾巴,并用【选择工具】进行调整,填充颜色为 #FFFF66,如图 2-28 所示。

(5) 新建"图层 2"图层,选中"图层 1"图层的笔触复制粘贴到"图层 2"图层的当前位置。用【铅笔工具】画猫的花斑,填充颜色为 #FF9900,如图 2-29 所示。

图 2-28　画身体　　　　　　　　图 2-29　画花斑

小知识　有时候绘制的轮廓难免有空隙,而肉眼不好察觉。对于有空隙的轮廓线,颜料桶是无法填充的。

Flash CS3 允许小空隙的存在,以便在不同情况下进行填充。颜料桶工具填充提供的模式有 4 种:不封闭空隙、封闭小空隙、封闭中等空隙和封闭大空隙。

【颜料桶工具】识别的空隙大小以舞台上显示的大小为准。如果选择【封闭大空隙】还不能进行填充,就缩小舞台比例试一下,如果还是不行的话,就只能手动封闭空隙。

(6) 选择【铅笔工具】,设置合适的笔触大小,绘制绒毛。用【直线工具】绘制胡须,如图 2-30 所示。

(7) 新建"图层 3"图层,用【铅笔工具】和【部分选择工具】绘制树叶。笔触颜色为 #996600,填充颜色为 #FF9900,如图 2-31 所示。

图 2-30　绘制胡须

图 2-31　画树叶

（8）新建"图层4"图层,用【铅笔工具】绘制树叶飘落的路径、叶子落地弹起的灰尘和表示猫发抖的曲线。调整"图层3"图层树叶的大小和位置,如图2-32所示。

（9）最后使用【文本工具】输入文字,选择字体、字号,颜色为橙色,完成绘图;效果如图2-33所示。

图2-32 调整树叶的大小和位置　　　　　图2-33 完成的效果

2.2.6 绘制桃子

用【钢笔工具】绘制桃子。

（1）新建一个Flash文件。

（2）画轮廓。用【钢笔工具】画一个桃的形状,用【部分选择工具】进行调整并填充白色,如图2-34所示。

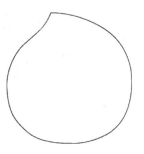

新建两个图层,选中"图层1"图层的笔触,分别复制粘贴到新建图层的当前位置。

图2-34 画轮廓

> **小知识**　　　前面说到可以用Alt键快速复制对象,也可以选中对象单击右键,在弹出的快捷菜单中选择【复制】命令,然后在需要粘贴的位置单击右键,在弹出的快捷菜单中选择【粘贴到当前位置】命令。如果不需要粘贴到当前位置,则直接选择【粘贴】命令。

（3）填充颜色。选择"图层3"图层,打开【颜色】面板,为笔触填充放射状渐变颜色,色标从左到右依次为♯B50603;♯DE4041;♯F57D7C、Alpha 60％;♯FEA2A3、Alpha 0％,如图2-35所示。

选择"图层2"图层,为边框填充放射状渐变颜色,色标为左♯9FB72D,中♯CAD97E、Alpha 70％,右♯DCE6B1、Alpha 0％。用【部分选择工具】进行调整,如图2-36所示。

（4）绘制高光。新建"图层4"图层,用【钢笔工具】绘制图2-37所示的形状。用【部分选择工具】调整轮廓线。填充放射状渐变颜色,色标为左"白色、Alpha 62％",右"白色、Alpha 0％"。调整填充颜色并删除笔触。

在"图层4"图层绘制如图2-38所示的形状。填充线性渐变颜色,色标为左"白色、Alpha 30％",右"白色、Alpha 0％"。调整填充并删除笔触。

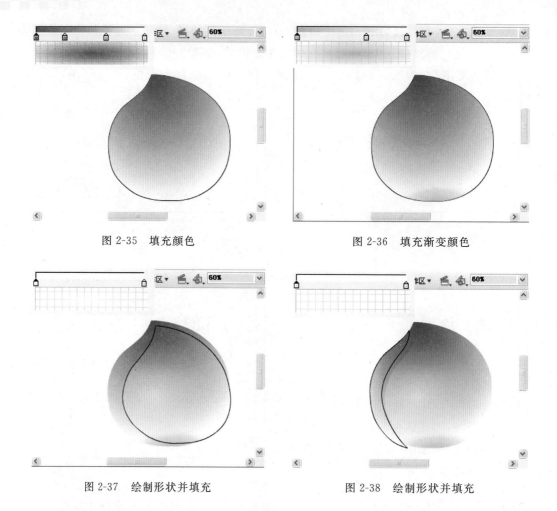

图 2-35　填充颜色　　　　　　　　图 2-36　填充渐变颜色

图 2-37　绘制形状并填充　　　　　　图 2-38　绘制形状并填充

（5）绘制叶子。新建"图层 5"图层，用画图工具绘制叶子的形状，如图 2-39 所示。

填充线性渐变颜色，色标为左 ♯009900、右 ♯66CC66。依次给 4 个部分填充，并调整填充颜色，然后删除笔触，如图 2-40 所示。

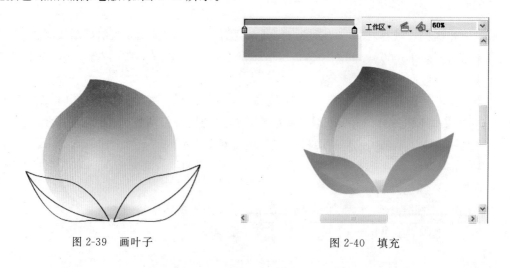

图 2-39　画叶子　　　　　　　　　图 2-40　填充

（6）最终效果如图 2-41 所示。

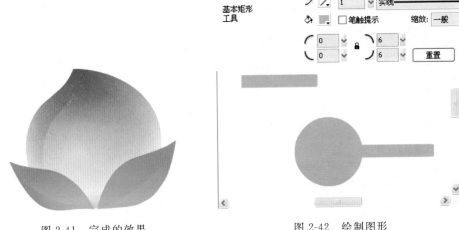

图 2-41　完成的效果　　　　　图 2-42　绘制图形

2.2.7　绘制放大镜

利用【基本矩形工具】、【椭圆工具】等绘制放大镜。

（1）新建一个 Flash 文件。

（2）画基本形状。选择【基本矩形工具】，填充色为♯F99700。打开【属性】面板，将左侧都设置为 0，右侧都设置为 6，绘制一个如图 2-42 所示的圆角矩形。新建一个图层，用画圆工具画一个颜色为♯F99700的正圆。

> **小知识**　【矩形工具】可以绘制圆角矩形，【基本矩形工具】可以自由控制矩形边角半径，运用它可以绘制各种圆角矩形。
>
> 　用【基本矩形工具】绘制矩形后，再用【选择工具】选中矩形边角并拖动就可以调整边角半径。
>
> 　在【属性】面板中，可以修改各个边角的文本框，对 4 个边角的参数进行调整。

（3）绘制细节。选择"图层 1"图层，用【基本矩形工具】绘制一个略小一些的圆角矩形。选择这个圆角矩形，复制粘贴到当前位置，将其缩小一点，填充线性渐变色为♯E88A1A、♯EACE23。选择"图层 2"图层，选择画圆工具，画一个颜色为♯F4E655，笔触大小为 2，没有填充色的正圆，如图 2-43 所示。

全部选中"图层 1"图层的矩形，单击右键将其转换为影片剪辑元件。双击进入元件内部，利用【任意变形工具】对其进行扭曲变形，如图 2-44 所示。

> **小知识**　【基本矩形工具】绘制的图形要双击进入内部才能编辑，如果要整体操作，则对图形进行分离。
>
> 　可以选中图形，按 Ctrl＋B 快捷键进行分离。
>
> 　也可以选中图形，单击右键执行【分离】命令。

选择"图层2"图层,选中【椭圆工具】,并单击【对象绘制】按钮,绘制一个略小一些的正圆,填充色为♯FEE5BF,Alpha 30％。绘制好图形后,按 Ctrl＋B 快捷键进行分离,如图 2-45 所示。

图 2-43　绘制细节　　　　　图 2-44　修改手柄　　　　　图 2-45　分离图形

> **小知识**　　前面提到形状对象图形重叠的时候会发生融合和消除现象。如果选择"对象绘制"绘制图形,则创建的图形会保持独立,可以分别进行处理。将"对象绘制"创建的图形进行分离,则得到形状对象。

（4）修饰手柄。选择"图层1"图层,双击进入元件内部,选择一小块手柄并复制,返回到场景中,粘贴到舞台,调整位置,并将其转换为影片剪辑元件。打开【滤镜】面板,通过"调整颜色"将其变为灰色,通过"斜角"使其有立体效果,如图 2-46 所示。

(a)【滤镜】面板

(b) 一小块手柄

图 2-46　修饰手柄

使用同样的方法,制作图 2-47 所示的效果。

新建一个图层并输入文字,如图 2-48 所示。

图 2-47　完成的效果

图 2-48　添加文字

（5）完成绘图。新建一个图层，将新建图层移到邻近图层下方，导入一张图片到舞台。选中"图层2"中的圆，将其填充色改为放射状填充，左、右色标都为白色，右边色标的 Alpha 值为 0%，效果如图 2-49 所示。

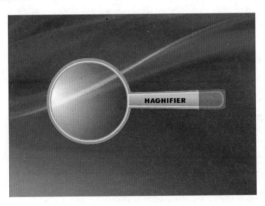

图 2-49　完成的效果

扩展阅读：其他绘图工具介绍

【基本椭圆工具】可以手动对圆形进行调整。选择【基本椭圆工具】，在舞台上绘制一个圆形，使用【选择工具】选择圆形的节点拖动即可。

【多角星形工具】可以绘制多边形及星形图形，如三角形、五角星等。

（1）选择【多角星形工具】，在舞台上单击鼠标并拖动，直到适当位置释放鼠标，此时绘制的图形即为多边形。

在【工具设置】对话框的【样式】下拉列表中选择【星形】选项，确定星形定点大小的参数，然后使用【多角星形工具】即可绘制出星形图形。

（2）选择【多角星形工具】后，在【属性】面板中单击【选项】按钮，在弹出的对话框中可以设置多边形的边数。

【墨水瓶工具】可以给选定的矢量图添加轮廓线，还可以修改线条或形状轮廓的笔触颜色、宽度和样式。

用【墨水瓶工具】添加笔触：

（1）在舞台上绘制一个圆，用【橡皮擦工具】在圆内擦去 3 个区域。

（2）选中【墨水瓶工具】，在【属性】面板中设置笔触颜色为黑色，粗细为 4 磅，样式为实线。

（3）单击图形的填充区域，则该填充区域所有的轮廓线都会被添加上笔触。如果单击位置在图形的轮廓上，则只有被单击的轮廓线被添加笔触。

【滴管工具】是一个取样工具。使用【滴管工具】可以很方便地获得舞台上现有图形的笔触或填充的属性，然后可以将其应用到其他笔触或样式上。

如果要使用【滴管工具】进行位图填充，要先使用【修改】|【分离】命令将该位图分离。

【套索工具】可以自由选择舞台上任意形状的范围。

选中【套索工具】后,在工具面板的选项中会出现魔术棒、魔术棒属性和多边形模式3个按钮。

(1) 在舞台上绘制一个矩形,选中【套索工具】,在矩形上随意拖出一个区域,松开鼠标左键,可以发现刚刚黑色线条包围的范围已经被全部选中了。

(2) 多边形模式:在多边形模式下,使用【套索工具】在舞台上依次单击不同的点,就可以将它们用直线连接起来。在结束点处双击,结束多边形区域的绘制,则该范围内的对象被选中了。

(3) 魔术棒模式:可以通过单击选择位图中颜色相近的区域,但只能限于对位图的选择。

> **小知识**　对舞台上的位图,若要使用【套索工具】进行选择,首先应使用【分离】命令,将该位图分离。

2.3　绘图综合实例

> 本节通过综合实例的练习,巩固绘图工具的使用。

2.3.1　绘制矢量风景

绘制矢量风景最终效果如图 2-50 所示。运用【矩形工具】、【椭圆工具】、【钢笔工具】并结合各项命令绘制而成。

(1) 新建一个 Flash 文档,设置其大小为 887×665 像素。选择【矩形工具】,在舞台上绘制一个矩形,与文档大小一致。然后在【颜色】面板中设置各个选项,效果如图 2-51 所示。

图 2-50　矢量风景图

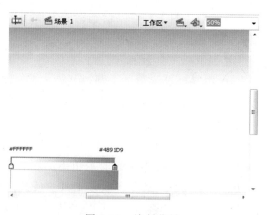

图 2-51　绘制背景

(2) 使用【钢笔工具】在舞台上绘制如图 2-52 所示的山脉,并填充线性渐变颜色。

(3) 使用【钢笔工具】绘制小路,并填充渐变颜色,如图 2-53 所示。

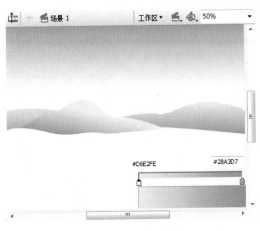

图 2-52　绘制山脉

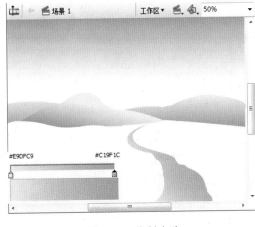

图 2-53　绘制小路

（4）使用【钢笔工具】绘制山脉的过渡图形，设置填充颜色为白色。然后在【颜色】面板中设置 Alpha 值为 50％，如图 2-54 所示。

（5）接着使用【钢笔工具】在山脉上绘制高光图形，设置填充颜色为白色，效果如图 2-55 所示。

图 2-54　绘制过渡图形

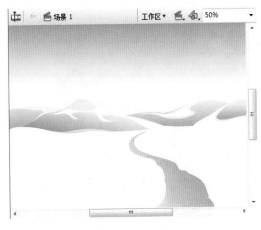

图 2-55　绘制高光

（6）使用【椭圆工具】绘制一个圆形，在【颜色】面板中选择线性填充，各个色标的颜色及位置如图 2-56 所示。

（7）继续使用【椭圆工具】绘制圆形，设置填充颜色为白色，在【颜色】面板中设置 Alpha 值为 20％。然后复制该圆形多份并调整其大小，如图 2-57 所示。

（8）使用【钢笔工具】绘制如图 2-58 所示的图形，并设置其填充颜色为白色，Alpha 值为 30％。

（9）选择【矩形工具】，在舞台左下角绘制矩形，使用【选择工具】修改轮廓，木制图形效果如图 2-59 所示。

（10）使用【矩形工具】绘制木桩之间的栅栏，如图 2-60 所示。

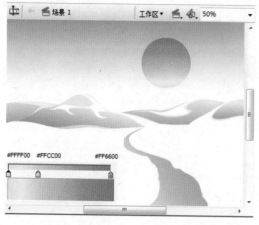

图 2-56　绘制太阳

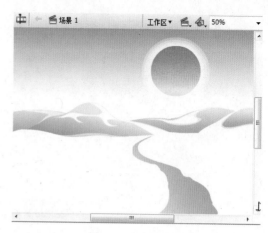

图 2-57　绘制光晕

图 2-58　绘制雾

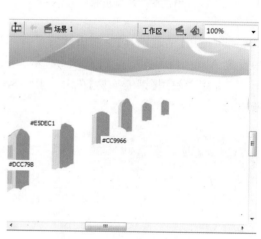

图 2-59　绘制木桩

（11）使用【椭圆工具】绘制钉子，颜色为♯D3BF92。用【刷子工具】在栅栏上绘制白雪。利用【文本工具】在栅栏上输入文字"Little"，字体为华文新魏，大小适当，并用【变形工具】进行变形，如图 2-61 所示。

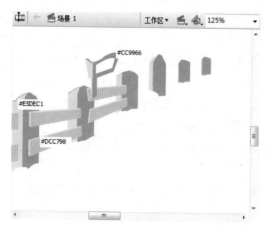

图 2-60　绘制栅栏

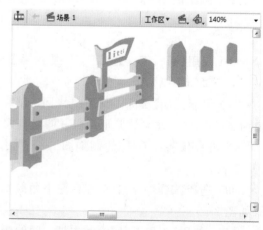

图 2-61　完成绘画

2.3.2　绘制水仙花

绘制水仙花最终效果如图 2-62 所示。其效果是运用【椭圆工具】、【铅笔工具】、【刷子工具】等并结合各项命令绘制而成的。

(1) 新建一个 Flash 文档，文档大小为 550×400 像素。

(2) 使用【钢笔工具】和【直线工具】绘制如图 2-63 所示的花苞。打开【颜色】面板，选择放射状填充，填充颜色色标为左：♯CDE881，右：♯4A8430。柄的填充色为纯色：♯4D8021。完成颜色填充后双击笔触选中所有笔触，按 Delete 键将其删除。

图 2-62　水仙花效果

图 2-63　绘制花苞

(3) 选中绘制好的花苞，单击右键，在弹出的快捷菜单中选择【转换为元件】命令，并在打开的对话框中输入"花苞"，单击"确定"按钮，如图 2-64 所示。

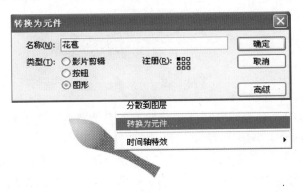

图 2-64　制作元件"花苞"

(4) 双击工具箱的【橡皮擦工具】，删除舞台上的花苞。选择【铅笔工具】的平滑模式，在舞台上绘制花朵轮廓，并用【部分选择工具】进行调整，如图 2-65 所示。

图 2-65　绘制花朵

（5）在【颜色】面板中选择放射状填充模式，设置 3 个渐变颜色指针，色标从左到右依次是：＃76760A、＃C0C4A2、＃FFFFFF。使用【渐变变形工具】进行调整，如图 2-66 所示。

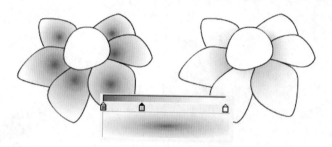

图 2-66　填充花瓣颜色

（6）添加一个颜色指针，4 个颜色指针的颜色从左到右分别是：＃523903、＃7F6602、＃977902、＃F8E121。选择【颜料桶工具】填充花心，并使用【渐变变形工具】进行调整，如图 2-67 所示。

图 2-67　填充花心

（7）双击笔触选中所有笔触并删除。修改背景色为青色。选择【刷子工具】，将填充色修改为：＃996603，刷子大小适当，绘制花蕊，如图 2-68 所示。

（8）新建一个图层，并拖动图层到"图层 1"图层下方。使用【直线工具】绘制花梗，填充线性渐变颜色，填充色标为左：＃C1DF7A，右：＃4D8021。使用【渐变变形工具】进行调整。双击笔触选中所有笔触并删除，如图 2-69 所示。

（9）选中绘制好的花朵，单击右键，在弹出的快捷菜单中选择【转换为元件】命令，转换为图形元件"花朵 1"。

图 2-68　绘制花蕊

图 2-69　绘制花梗

（10）双击橡皮擦，清除舞台上的对象。使用【铅笔工具】绘制"花朵 2"的轮廓。花瓣和花梗的填充色同"花朵 1"，花蕊填充色分两部分：一个填充色是左色标＃E3BC00，右色标＃F8ED07；另一个是左色标＃B18E01，右色标＃E7CF07。最后删除笔触，如图 2-70 所示。

（11）选中"花朵 2"，转换为图形元件"花朵 2"。

图 2-70　绘制花朵 2

（12）清除舞台上的对象，绘制花球。使用【钢笔工具】绘制花球轮廓，填充放射状渐变色。前瓣和后瓣渐变色色标从左到右依次为＃A6610F、＃EDFECF、＃FFFFFF，中瓣渐变色色标从左到右依次为＃A6610F、＃F5F7DF、＃F9FAE8、＃FFFFFD，如图 2-71 所示。

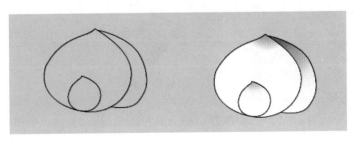

图 2-71　绘制花球

（13）使用【刷子工具】绘制花球上的斑点，颜色如图 2-72 所示。

（14）选中舞台上的对象，转换为图形元件"花球"，双击进入花球编辑页面。新建一个图层命名为"叶子"，选择【刷子工具】，在【属性】面板中将平滑度设置为 85，刷子大小适中。填充色为放射状渐变颜色，色标从左到右依次为 #137950、#369A32、#ECFDCF、#D6FAE8，如图 2-73 所示。

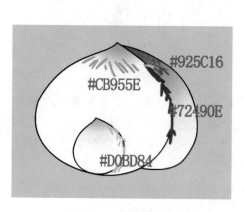

图 2-72　绘制斑点

图 2-73　绘制叶子

（15）使用【部分选择工具】将叶子的形状进行调整，然后使用【渐变变形工具】将填充进行调整，完成叶子部分的绘制，如图 2-74 所示。

图 2-74　完成叶子绘制

（16）新建一个元件，命名为"水仙花"。进入元件编辑界面，新建一个图层。将"图层 1"命名为"花"、"图层 2"命名为"花球"。在"花"图层上将元件"花苞"、"花朵 1"和"花朵 2"拖入舞台，调整大小和位置。在"花球"图层上拖入"花球"元件，调整大小和位置，如图 2-75 所示。

图 2-75　制作水仙花

（17）返回到场景当中，新建两个图层，"图层 1"命名为"后盆"，"图层 2"命名为"水仙花"，"图层 3"命名为"前盆"。

使用【椭圆工具】在后盆图层上绘制一个椭圆，使用【钢笔工具】在前盆图层上绘制盆的形状。选中"后盆"图层的椭圆并复制粘贴到"前盆"图层。

分别为两个图层填充放射状渐变色。前盆颜色为左色标＃30469C，右色标＃080814；后盆填充色为左色标＃25377C，右色标＃080814。

在"水仙花"图层上将元件"水仙花"拖入舞台，并调整位置和大小。完成水仙花的绘制，如图 2-76 所示。

图 2-76　水仙花

第3章

图形对象

3.1 图形对象的类型

本节介绍图形对象的类型,图形对象的类型包括形状对象、绘制对象、位图和组。

选中绘制工具后,在【工具】面板的【选项】中会出现一个【对象绘制】按钮 ,该按钮未按下时绘制的图形为形状对象,按下按钮时绘制的图像为绘制对象。除了这两种图形对象外,还有另外几种图形对象。

3.1.1 形状对象

形状对象是一切图形对象的基础,它是由许多小点组成的图形。使用【选择工具】或【套索工具】选中形状对象的一部分时,被选中的部分将布满小的网格点,这是形状对象的重要特点。

选中形状对象后,【属性】面板中将会出现该形状的笔触及填充属性。使用【绘图工具】绘制出的笔触或填充都属于形状对象。

两个或多个形状对象发生重叠时,会产生融合和消除等现象,这是形状对象的另一个重要特征。如 2.2.2 节中实例月牙和云朵的绘制。

3.1.2 绘制对象

使用【绘制对象工具】 ◎ 所绘制出的图形均为绘制对象。选中任意一种绘图工具,单击【工具】面板中的【选项】中的【对象绘制】按钮,在舞台上绘制一个图形,这些图形在选中后都有一个蓝色的矩形边框。

修改绘制对象的方法和修改形状对象的方法一样,可以使用各种修改工具对绘制对象进行修改。

绘制对象叠加不会发生消除或融合等现象,如果将其分离变成形状对象则可以。

小知识　绘制对象和形状对象的区别:

如果将形状对象比喻为由无数沙子所组成的图形,那么绘制对象就相当于用一个透明的玻璃箱将这些沙子装在一起,但仍然保持原来每一粒沙子的属性以及这些沙子所组成的形状。

选中舞台上的形状对象,选择【修改】|【合并对象】|【联合】命令,则该形状对象转化为绘制对象,这相当于将沙子装到玻璃箱中。

双击舞台上的绘制对象,则进入该绘制对象的编辑页面,这时舞台上呈现的是形状对象。

多个形状对象之间存在融合与消除关系,虽然这可能会给绘画带来不便,但是也可以利用它制作一些特殊的效果,如前面画月亮和云朵。而绘制对象之间不存在融合与消除关系,但可以利用【修改】|【合并对象】功能实现绘制对象各种方式的合并。

【合并对象】子菜单里有 4 个命令,分别是联合、交集、打孔和裁切。

图 3-1 所示的是用【打孔】命令绘制的月牙。图 3-2 所示的是用【联合】命令绘制的云朵。

图 3-1　绘制月牙

图 3-2　绘制云朵

3.1.3 位图

Flash 是矢量图绘图工具,使用 Flash CS3 的绘图工具是无法创建位图的。但是可以通过导入位图的方法,在 Flash 中使用位图。

导入位图的方法是:选择【文件】|【导入】|【导入到舞台】命令。

如果要修改位图,可以通过【修改】|【分离】命令将位图对象转化为形状对象,然后可以对分离后的形状执行任何适于形状对象的修改。

3.1.4　组

如果一幅图像是由多个对象一起组成的,绘制好以后,为了保证各个对象之间相对的位置不变可以将它们捆绑组合在一起,使它们成为一个整体,这个整体就称为组。

使用【选择工具】选中舞台上需要组合的所有对象,选择【修改】|【组合】命令,则这些对象就称为一个组,组的周围出现像绘制对象一样的蓝色边框。

图 3-3 所示的是用【组合】命令将几个绘制对象组合成组的云朵。

如果想取消多个对象的组合关系,选择【修改】|【取消组合】命令,则这些对象还原为组合之前的状态,可以单独对它们进行移动或修改。

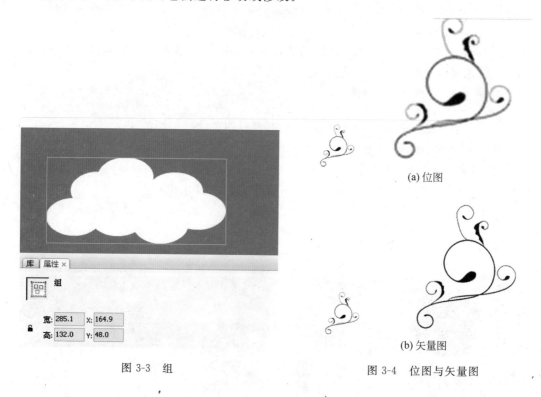

(a) 位图

(b) 矢量图

图 3-3　组

图 3-4　位图与矢量图

扩展阅读:位图和矢量图

1. 位图与矢量图的概念

在计算机绘图领域,根据成图原理和绘制方法的不同,图像可以分为位图和矢量图两种类型。如图 3-4 所示是两幅在原大小看起来一模一样的图片被放大到 400% 时的效果。

显而易见,在放大 4 倍之后,图 3-4(b)的图像要比图 3-4(a)的图像清晰得多。前者看起来就像是由一个个颜色不同的小方块组成的,边缘有很多"毛刺",而图 3-4(b)就光滑和清晰很多。这就是位图和矢量图的主要区别之一。

1）位图

位图是由一个个小点排列组成的图像，每个点称为一个像素，每个像素都有其各自的属性，如颜色、位置等。这些像素顺序地排列，从宏观的效果上看起来就是一幅完整的图像。

所以，位图的质量和它的分辨率息息相关。分辨率是单位面积中像素的数量，或者也可以表示为单位长度内的像素数。

2）矢量图

矢量图与位图的成形方式完全不同。它是通过多个数学对象（如直线、曲线、矩形、椭圆等）的组合构成的。其中，每一个对象的记录方式都是通过数学函数来实现的。也就是说，矢量图并不像位图那样记录一个个点的信息，而是记录形状和颜色的算法。

矢量图不需要像位图那样存储所有像素信息，所以占用的空间也很小，这样就为制作动画带来了好处。因为动画需要存储很多帧画面的图像。

3）位图和矢量图的各自优点

位图的优点是色彩变化丰富，可以改变任何形状区域内的色彩显示效果。相应地，要实现的效果越好，需要的像素就越多，图像文件也就越大。

矢量图的优点是，轮廓的形状更容易修改和控制，但是对于单独的对象，色彩上的变化不如位图直接方便，而且矢量图查看起来不如位图方便。

2．将位图转化为矢量图

矢量图可以很容易地转化成位图，但是位图转化为矢量图却并不简单，往往需要比较复杂的运算和手动调节。

（1）选择【文件】|【导入】|【导入到舞台】命令，打开【导入】对话框，导入图片到舞台，如图 3-5 所示。

图 3-5 导入位图

（2）使用工具箱中的【选择工具】选中图像，则在它的四周出现一个矩形的虚线框，虚线框的大小就是该位图的长宽大小。在位图选中的情况下，选择【修改】|【位图】|【转换位图为

矢量图】命令,则打开【转换位图为矢量图】对话框,如图 3-6 所示。

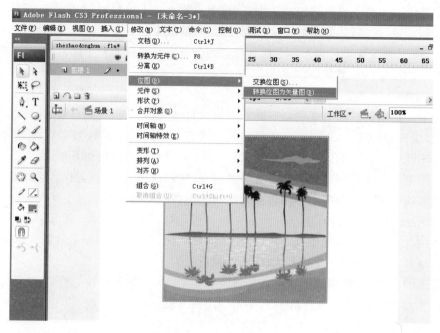

图 3-6　位图转换命令

(3) 在对话框中设置【颜色阈值】为 20,【最小区域】为 5 像素,【曲线拟合】为一般,【角阈值】为一般,如图 3-7 所示。

(4) 转换完毕后可以看出,转换后的矢量图与之前的位图有一些细微的差别,图形边缘的形状发生了一些变化,而且放大后再也不会变得模糊,仍然保持清晰,如图 3-8 所示。

图 3-7　对话框设置

图 3-8　转换后的矢量图

3.2 对象的基本操作

本节介绍图形对象的一些基本操作，熟练掌握这些基本操作，对绘图会有很大的帮助。

对任何对象执行操作之前，都需要选中该对象。选中对象后可以进行修改，包括复制粘贴对象、删除对象、移动对象、变形对象、对齐对象等。

在前面的学习中，也涉及对象的操作。下面通过实例来进一步了解对象的基本操作。

3.2.1 绘制跳棋棋盘

(1) 新建一个 Flash 文档，大小为 800×600 像素。然后再用【矩形工具】绘制一个大小与舞台相同的矩形，填充线性渐变色：左色标 ♯DF20B9、右色标 ♯000000，如图 3-9 所示。

> **小知识**
>
> ① 使用【工具】面板中的【选择工具】和【套索工具】可以选择对象。
>
> 选中形状对象后，被选中部分布满小的网格点。非形状对象在选中状态下，其周围一般都出现一个矩形线框。用【选择工具】单击该对象，即可选中该对象；如果双击该对象，除了位图以外，一般进入此对象的编辑界面。
>
> ② 选中对象后可以手动移动对象，如果需要精确移动对象的位置，可以使用键盘上的方向键进行移动。另外，可以利用【属性】面板或【信息】面板中的 x、y 坐标值来更改对象在舞台上的位置。

(2) 新建一个图层，使用【多角星形工具】在舞台上绘制一个正六边形，并使其相对于舞台中心对齐，如图 3-10 所示。

图 3-9　绘制背景

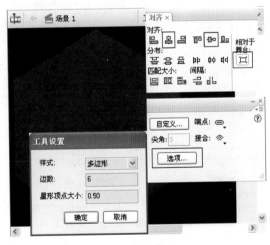

图 3-10　画正六边形

(3) 绘制棋盘界面。新建一个图层，使用【线条工具】在多边形中绘制笔触大小为 1 的白色直线，如图 3-11 所示。

使用【线条工具】在直线角处绘制一条弧线并调整形状，如图 3-12 所示。

图 3-11   画直线

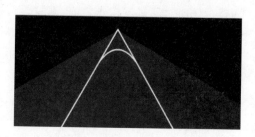

图 3-12   绘制弧线并调整形状

　　选择调整好的直线,使用【任意变形工具】将中心点移动到图形中心。然后打开【变形】面板,设置旋转角度为 60°,然后单击 <span>按钮,得到如图 3-13 所示的图形。

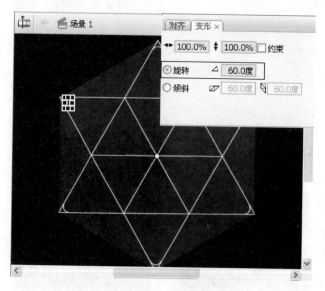

图 3-13   应用【变形】面板

<div style="border:1px solid">

小知识　　变形对象可以使用【任意变形工具】、【修改】|【变形】命令和【变形】面板。

　　【修改】|【变形】命令的子菜单中一些命令与使用【任意变形工具】一样需要手动调节,如任意变形、扭曲、封套等。

　　【变形】面板可以进行对象的缩放、旋转和倾斜等操作。

</div>

　　选中多余的直线并删除,为得到的图形填充 3 种颜色:#E0C6FD、#CCF0FF、#FFC4C4,Alpha 值均为 50%,如图 3-14 所示。

(4)绘制小孔。用画圆工具绘制一个没有笔触的正圆,填充放射状渐变颜色,色标从左到右依次为♯540144、♯000000、♯FFFFFF,如图 3-15 所示。

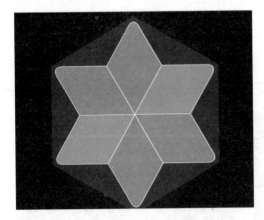

图 3-14　填充颜色

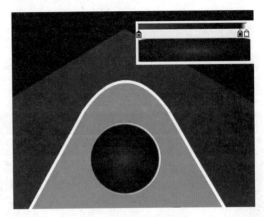

图 3-15　绘制正圆

选中绘制好的圆形并进行复制,然后打开【对齐】面板,禁用"相对于舞台"命令,单击【对齐】和【分布】中的按钮,对齐图形,如图 3-16 所示。

使用同样的方法,复制更多的圆形并对齐分布,如图 3-17 所示。选中所有图形,将其转换为图形元件。

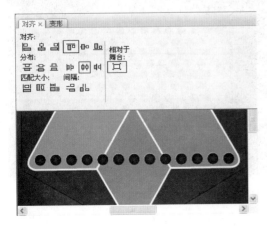

图 3-16　对齐分布

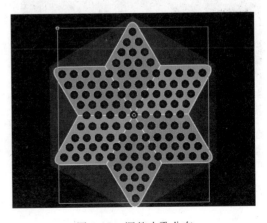

图 3-17　调整小孔分布

> 小知识 　对齐对象除了使用【对齐】面板以外也可以通过手动对齐。手动对齐方式一般适用于两个或几个舞台对象。
>
> 　　在使用手动方式时，还可以使用工具栏上的【贴紧至对象】🧲功能，使舞台上的某一个对象与舞台上的其他对象彼此贴紧，从而设置对象相互对齐。

　　（5）绘制棋盘网格线。新建一个图层，并拖动到相邻图层的下方。使用【直线工具】绘制如图 3-18 所示的白色直线。

　　然后选中所有的直线并转换为影片剪辑元件。打开【滤镜】面板，添加发光效果，如图 3-19 所示。

图 3-18　绘制直线

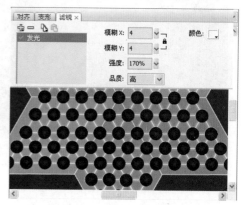

图 3-19　添加滤镜效果

　　（6）绘制棋盘边缘。新建一个图层，使用【矩形工具】和【选择工具】绘制如图 3-20 所示的图形，并填充线性渐变色，3 个色标都为白色，中间色标的 Alpha 值为 0%。

　　（7）选择绘制好的图形，使用【变形】面板得到如图 3-21 所示的效果。隐藏正六边形那个图层，得到最后的效果。

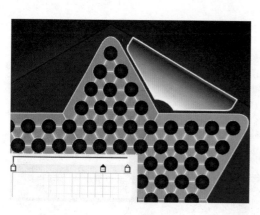

图 3-20　绘制图形

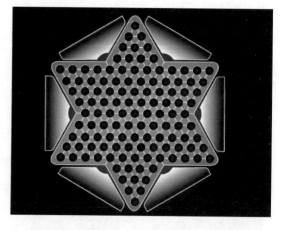

图 3-21　最终效果图

3.2.2 层叠、组合和分离对象

1. 层叠对象

在 Flash 中,最新创建的对象将被放在最上面。当非形状对象重叠在一起时,处于上层的对象将覆盖其下层的所有对象,但它们之间的层叠关系是可以改变的。

使用【修改】|【排列】子菜单里的命令可以改变层叠关系。

如果舞台上有形状对象或其他对象,则形状对象始终在最下方,如果想把它置于上方,则把它转换为绘制对象或组,移动即可。

2. 组合对象

将若干个对象组合在一起,使它们成为一个组,就是组合对象。可以将形状、绘制对象、位图、文本等各种对象组合在一起,对它们进行统一的操作。

可以在选中多个对象后,按 Ctrl+G 快捷键将它们组合在一起,也可以按 Ctrl+Shift+G 快捷键取消组合,即还原成组合之前的各个对象。

3. 分离对象

只有形状对象是不能被分离的,其他任何对象都可以进行分离,有的对象甚至可以进行多次分离。对于不同的对象,分离的效果也不相同,但是它们都有一个共同点,就是进行若干次分离后,变成形状对象。

第 **4** 章

利用Flash CS3创建基本动画

本章说明

通过本章的学习，了解 Flash 动画的基本原理，并利用 Flash CS3 创作出几类基本动画，为以后制作 Flash 高级动画打下基础。

基本动画除了逐帧动画外，还包括两类补间动画。第一类称为形状补间动画，就是在某一关键帧上定义某个对象的形状，然后在另一关键帧中改变这个对象的形状、颜色和位置，Flash 就可以自动完成这两种对象的形状渐变过程；第二类称为动作补间动画，也就是在某一关键帧上定义某个元件的位置、大小、旋转属性，然后在另一关键帧中改变这些属性，Flash 就可以自动完成这些属性的渐变过程，也就形成了平移、缩放、旋转等效果的动画。另外，Flash 还具有内置的时间轴特效动画。

核心概念

动画原理、时间轴、帧、逐帧动画、形状补间动画、动作补间动画、时间轴特效动画

学习建议

（1）通过阅读以及实例的操作练习，了解 Flash 动画基本原理以及创建 Flash 动画需要注意的问题。

（2）结合"小知识"以及"扩展阅读"的内容，通过模仿"实例制作"，认真思考，动手练习，掌握该实例的制作过程，巩固所学知识并有所拓展。

4.1 Flash 动画原理和逐帧动画

本节介绍动画的基本原理以及 Flash 逐帧动画。

4.1.1 动画的生理基础

医学已经证明，人类的眼睛在看到物像到消失后的短暂时间内，仍可将相关的视觉印象保存大约 0.1 秒。因此如果两个视觉印象之间的间隔不超过 0.1 秒，那么在前一个视觉印象尚未消失前，后一个视觉印象已经产生，并与前一个视觉印象连接在一起。这就是视觉暂留现象。正因为人的眼睛有这种视觉暂留的现象，我们看到一些连续播放的图片时就有图

片上的物体活动起来的感觉。

4.1.2 动画的心理基础

是否快速连续地播放一系列图片,都会形成动画呢?答案是否定的。例如连续播放3张图片(一个人在踢球、一只蝴蝶在飞舞和一本桌上的书),就不会产生动画的感觉。这是为什么呢?因为人们之所以感觉到动画,除了要视觉暂留这一生理基础外,还需要播放的内容与人们的生活经验相符合。如图4-1所示,这4张图片连续播放就可以形成动画,因为它符合人们挥棒的生活经验。

将图片1、2、3、4连续播放就可以形成动画

图 4-1 动画原理

4.1.3 Flash 逐帧动画

Flash 动画本质也是利用上面的动画原理来制作动画的。在 Flash 动画中有"帧"这个概念,它对应的就是前面我们提到过的内容相关的画面。当我们在 Flash 中快速播放一系列"帧"(画面)时,就形成了动画,而这种动画在 Flash 中就称为"逐帧动画"。Flash 默认是每秒播放 12 帧(即帧频为 12),每秒播放的帧数越多,画面就会越连贯越流畅。下面以一个实例来说明如何创建 Flash 逐帧动画。

小知识 电影采用了每秒 24 幅画面的速度拍摄播放,电视采用了每秒 25 幅(PAL 制)(我国就是采用的 PAL 制)或 30 幅(NTSC)画面的速度拍摄播放。因此如果用 Flash 做高质量的动画作品时应适当增加帧频。

创建逐帧动画的具体操作步骤如下:

(1)新建一个 Flash 文档,导入 7 张"鸣人"的图片到库中。

(2)选中【时间轴】面板中"图层 1"的第 1 帧。按 Ctrl+L 快捷键,打开【库】面板,将第一个要显示的图片拖放到舞台中,如图 4-2 所示。

(3)单击第 2 帧,按 F6 键插入一个关键帧,将原来的图片删除并把第 2 张要显示的图片拖放到舞台上相同位置,如图 4-3 所示。单击第 3 帧,按 F6 键插入

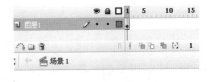

图 4-2 第 1 帧中的"鸣人"图片

一个关键帧,删除原来图片并把第 3 张图片拖放到舞台相同位置。依次操作,直到最后一张图片拖入,如图 4-4 所示。

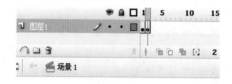

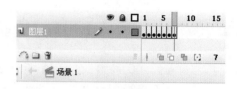

图 4-3　第 2 帧中的"鸣人"图片　　　　　图 4-4　将所有"鸣人"图片拖入

(4) 实例制作完毕后,可以按 Ctrl+Enter 快捷键测试效果。

4.2　时间轴和帧

本节中介绍时间轴的作用以及帧的类型和使用方法。

4.2.1　时间轴面板

【时间轴】面板是 Flash 中非常重要的一个面板,主要负责 Flash 动画的制作,如图 4-5 所示。

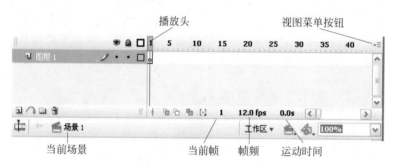

图 4-5　【时间轴】面板

- 播放头:指示当前播放的帧。
- 帧视图菜单按钮:单击后会弹出下拉菜单,可以设置帧的显示方式(很小、小、标准等)。默认显示是"标准"。

例如,创建一个 Flash 文档体验【时间轴】面板的主要功能。

(1) 新建一个 Flash 文档,选中第 20 帧并单击右键,在弹出的快捷菜单中选择【插入帧】命令。

(2) 拖动【播放头】观察下方数字的变化并理解它们各自代表的含义,如图 4-6 所示。

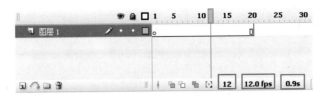

图 4-6 观察【时间轴】信息

（3）单击【视图菜单】按钮，选择【大】。观察时间轴变化，如图 4-7 所示。

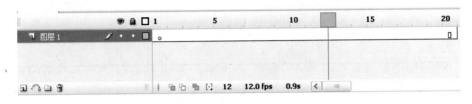

图 4-7 帧视图菜单设置效果

4.2.2 帧

下面介绍 Flash 中的帧，帧是 Flash 制作动画的关键，它控制着动画的时间和动画中各种动作的发生。一个 Flash 动画实际上就是由一系列不同类型的帧所组成。动画中的一个画面就对应一个帧，播放一部完整的动画，就是依次显示一系列帧的过程。

首先我们了解 Flash 中帧的类型。帧主要分为普通帧、关键帧和空白关键帧 3 种，如图 4-8 所示。

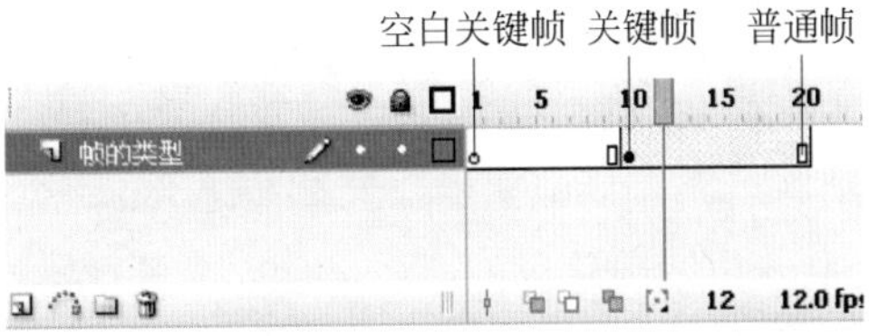

图 4-8 帧的类型

- 普通帧：普通帧用于显示同一层上，前一个关键帧的内容并截止到下一个关键帧。在时间轴上以空心矩形表示，每一小格就是一个帧。
- 关键帧：关键帧用于定义动画中的变化，以呈现出关键性的动作和内容，是添加了内容的空白关键帧。在时间轴上以黑色实心小圆点表示，每一黑色小圆点就是一个帧。
- 空白关键帧：空白关键帧用于画面和画面之间形成间隔，它是没有任何内容的关键帧。在时间轴上以空心小圆圈表示。

例如，创建一个 Flash 文档体验不同类型帧的特点。

（1）新建 Flash 文档，选中第 1 帧，利用【矩形工具】绘制一个矩形，然后选中第 10 帧并单击右键，在弹出的快捷菜单中选择【插入帧】命令，如图 4-9 所示。

（2）选中第 10 帧，利用【橡皮擦工具】擦除部分矩形，然后拖动【播放头】到第 1 帧，发现第 1 帧的矩形也被擦除了，如图 4-10 所示。因为普通帧是延续离它最近的关键帧的内容，所以在普通帧上的操作实际是操作离它最近的关键帧。

图 4-9   插入普通帧

图 4-10   普通帧特点

（3）按 Ctrl＋Z 快捷键撤销擦除的操作，选中第 10 帧并单击右键，在弹出的快捷菜单中选择【插入关键帧】命令，擦除部分矩形，拖动【播放头】到第 1 帧，发现第 1 帧的矩形没有被擦除，如图 4-11 所示。因为关键帧是独立的，所以对它的操作不会影响其他的帧。

> **小知识**　插入关键帧之后，该关键帧会复制离它最近的关键帧的内容。如果离它最近的关键帧没有任何内容，则插入关键帧的操作相当于插入空白关键帧。

（4）选中第 10 帧，按 Delete 键删除矩形，第 10 帧成为空白关键帧，如图 4-12 所示。

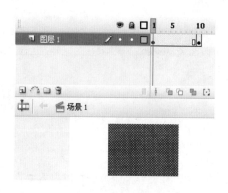

图 4-11   关键帧特点

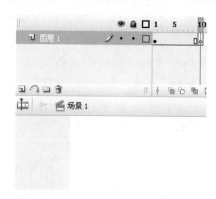

图 4-12   空白关键帧特点

> **小知识**　除了使用右键选择【插入帧】、【插入关键帧】和【插入空白关键帧】命令来实现插入各种帧的方法外，还可以使用快捷键 F5、F6 和 F7 键来快速插入帧。

4.3   形状补间动画

> 本节中介绍如何利用 Flash 创建各种各样的形状补间动画。

形状补间动画是 Flash 补间动画的一种，是用来实现一个形状对象逐渐转变成另一个形状对象的动画效果。在形状补间动画中，Flash 会自动计算并生成起始对象变化为终止对象的中间过渡动画,其中包括位置、大小和颜色等属性的过渡。

4.3.1　形状补间动画的制作方法

下面以一个"圆形变方块"动画来说明形状补间动画的创建步骤:

(1)新建 Flash 文档,选中第 1 帧绘制一个圆形,确保其属性为"形状",如图 4-13 所示。

(2)选中第 10 帧,按 F7 键插入空白关键帧,绘制一个矩形,确保其属性为"形状",如图 4-14 所示。

(3)选中第 1 至 10 之间任意一帧,打开【属性】面板,在【补间】下拉列表框中选择【形状】选项,即完成形状补间动画的制作,如图 4-15 所示。可按 Ctrl＋Enter 快捷键测试影片。

图 4-13　绘制圆形　　　　图 4-14　绘制矩形　　　　图 4-15　创建形状补间动画

> **小知识**　　快速创建形状补间的方法:在需要创建补间动画的两个关键帧之间任意一帧上单击右键,在弹出的快捷菜单中选择【创建补间形状】命令。

成功创建形状补间动画后,选中补间动画两个关键帧之间的任意一帧,打开【属性】面板,可以设置该形状补间动画的一些属性,例如缓动、混合方式。

缓动:用来控制动画的加速度。设置为正数则变化越来越慢,为负数则变化越来越快,为 0 则表示匀速运动。

混合:该选项的下拉列表中包含两个选项:一是"分布式",它使中间帧的形状过渡得更加随意;二是"角形",它使中间帧在过渡时保持原关键帧上图形的棱角,此模式只用于有尖锐棱角的图形变化。

4.3.2　形状补间动画制作的限制

成功创建形状补间动画后,其时间轴中两关键帧之间的背景为绿色,并有一个从左向右的黑色箭头。有些初学者在制作形状补间动画时发现不是黑色箭头而是一条虚线(制作失败)。这是因为 Flash 对形状补间动画的对象是有一定限制的,其关键帧中的对象属性必须是"形状"。例如,我们在做文字的形状补间动画时就需要先将文字转变为

"形状"。

下面以一个文字的动画来说明形状补间动画制作的限制：

（1）新建 Flash 文档，选中第 1 帧并写上文字"love"，然后选择文字执行两次【修改】|【分离】命令操作，将文字分离成形状。

（2）选中第 10 帧，按 F7 键插入空白关键帧，写上文字"you"，然后将文字像步骤（1）一样分离为形状。

（3）选中第 1 至 10 之间任意一帧，打开【属性】面板，在【补间】下拉列表框中选择【形状】选项。完成文字的形状补间动画制作。最后的时间轴及变化效果如图 4-16 所示。

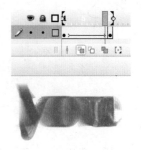

图 4-16   创建文字形状
补间动画

小知识   形状补间动画中的对象除了是"形状"（绘制的形状、分离后的文字或位图）外，还可以是"绘制对象"，即选择了绘图工具栏上的【对象绘制】选项的情况下绘制的对象。

4.3.3   控制形状补间动画

对于形状比较复杂的形状补间动画，要想实现其对应变形的效果，可以使用 Flash 中提供的"形状提示"功能。该功能可用来帮助确定变形过程，即起始形状和结束形状的各个部分是如何对应变化的。

形状提示就是在起始形状和结束形状上分别指定一些变形关键点，并使这些点在起始关键帧和结束关键帧中一一对应。这样，Flash 就会根据这些点的对应关系来计算变形过程，保证在变形过程中图形形状能根据对应点的变化而变化。在 Flash 中，最多可以使用26 个变形关键点，分别用字母 a～z 标识。

下面以一个"旋转三棱锥"的动画来说明形状提示点的运用：

（1）新建 Flash 文档，选中第 1 帧绘制一个三棱锥的形状（可以采用线性渐变填充表现锥形的光泽感）。

（2）选中第 20 帧，按 F6 键插入关键帧，选中"三棱锥"，执行【修改】|【变形】|【水平翻转】命令。

（3）选中第 1 至 20 之间任意一帧，打开【属性】面板，在【补间】下拉列表框中选择【形状】选项，完成形状补间动画制作。

（4）选中第 1 帧，执行 5 次【修改】|【形状】|【添加形状提示】命令（或按 Ctrl＋Shift＋H快捷键），并将各个形状提示点拖动到相应位置，如图 4-17 所示。

（5）选中第 20 帧，将形状提示点拖放到变化后的相应位置，如图 4-18 所示。

小知识   添加形状提示点之前必须先创建补间动画，否则不能添加。
设置形状提示点时，必须将提示点拖放到边缘处才能生效，此时提示点会变成绿色。如果提示点没有变色，则设置不成功，可以通过"右键快捷菜单"删除提示点。

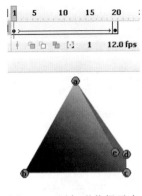 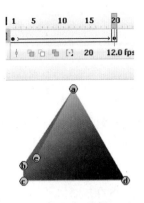

图 4-17 添加形状提示点 图 4-18 设置形状提示点

4.4 动作补间动画

本节介绍另一种补间动画——动作补间动画。

动作补间动画也是一种 Flash 补间动画,是用来实现同一个实例的一种属性变化为另一种属性的动画效果。在动作补间动画中,Flash 会自动计算并生成起始实例属性到终止实例属性的中间过渡动画,其中包括位置、大小、颜色和透明度等属性的过渡。

4.4.1 动作补间动画的制作方法

下面以一个"小球跳动"动画来说明动作补间动画的创建步骤:

(1)新建 Flash 文档,选中第 1 帧绘制正圆,并进行"放射状"填充。

(2)选中正圆并单击右键,在弹出的快捷菜单中选择【转换为元件】命令,在弹出的对话框中选择【图形】选项并在【名称】输入框中输入"小球",然后单击"确定"按钮,如图 4-19 所示。

图 4-19 转换为元件

（3）选中第 20 帧并单击右键，在弹出的快捷菜单中选择【插入关键帧】命令，并将"小球"向下移动一定距离，如图 4-20 所示。

（4）选中第 1 至 20 之间任意一帧，打开【属性】面板，在【补间】下拉列表框中选择【动画】选项。

（5）选中第 1 帧并单击右键，在弹出的快捷菜单中选择【复制帧】命令，然后选中第 40 帧并单击右键，在弹出的快捷菜单中选择【粘贴帧】命令，最后参照步骤（4）在第 20 至 40 帧之间创建动作补间动画，如图 4-21 所示。

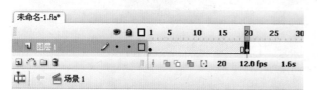

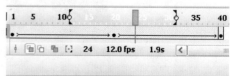

图 4-20　改变小球位置

图 4-21　创建动作补间动画

小知识　快速创建动作补间的方法：在需要创建补间动画的两个关键帧之间任意一帧上单击右键，在弹出的快捷菜单中选择【创建补间动画】命令。

成功创建动作补间动画后，选中补间动画两个关键帧之间的任意一帧，打开【属性】面板，可以设置该动作补间动画的一些属性，例如缩放、缓动、旋转和调整到路径等。

缩放：选中以后可使对象在运动过程中按比例进行缩放。

缓动：与形状补间动画的该选项类似。只是多了一个【编辑】按钮，可以对动画的加速度进行自定义设置。

旋转：用于设置对象的旋转运动方式。其下拉列表中有以下选项：无：对象不旋转；自动：对象以最小角度旋转；顺时针：顺时针旋转对象，并且可以在后面的【次】文本框中输入选择次数；逆时针：与顺时针类似，只是方向相反。

调整到路径：使对象沿设定的路径运动，并随着路径的改变而相应地改变角度（后面制作引导层动画时会用到）。

同步：使动画在场景中首尾连续循环播放。

贴紧：在制作路径动画时，自动吸附到路径。

4.4.2　动作补间动画制作的限制

成功创建动作补间动画后，其时间轴中两关键帧之间的背景为灰色，并有一个从左向右的黑色箭头。有些同学在制作形状补间动画时发现不是黑色箭头而是一条虚线（制作失败）。这是因为 Flash 对动作补间动画的对象是有一定限制的。

首先其关键帧中的内容必须是同一元件的实例（关于元件和实例的具体解释请参照第6 章）；其次关键帧中的实例只能有一个，如果需要做多个实例运动的复杂动画，则需要多个图层来实现。

> **小知识**　　有些同学发现，虽然之前没有将关键帧中的对象转换为元件，但创建动作补间动画时仍能成功。实际上这是因为在我们选择"创建补间动画"时，Flash 自动帮我们把首、末关键帧的内容分别转换成了两个图形元件。但我们最好不这样创建动画。一是因为原来库中只需要一个元件变成了两个；二是这样的动画有一些弊端（创建不了遮罩动画）。

下面以一个"风吹字"的动画来说明多个图层的动作补间动画：

（1）新建 Flash 文档，选中第 1 帧，利用【文本工具】写个"风"字并转换为图形元件，如图 4-22 所示。

（2）选中第 15 帧，按 F6 键插入关键帧。将"风"实例水平翻转（或执行【修改】|【变形】|【水平翻转】命令）并缩小为原来的 20％后拖至右上角。设置它的属性【Alpha】值为 2％，如图 4-23 所示。

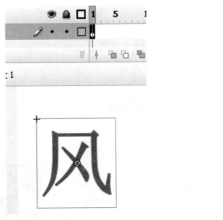
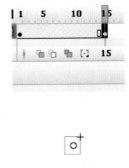

图 4-22　新建"风"元件　　　图 4-23　设置实例"风"的属性

> **小知识**　　按 Ctrl＋T 快捷键可以快速调出【变形】面板，精确设置对象的缩放比例或旋转角度。

（3）选中第 1 至 15 帧之间任意一帧并单击右键，在弹出的快捷菜单中选择【创建补间动画】命令，完成单个文字的风吹动画，如图 4-24 所示。

（4）新建"图层 2"和"图层 3"，依照步骤（1）、步骤（2）和步骤（3）分别在各图层制作"吹"字和"字"字的风吹动画。最后时间轴和效果如图 4-25 所示。

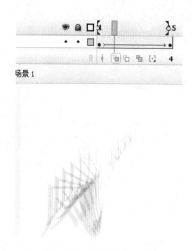

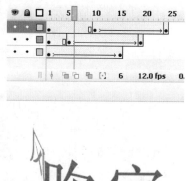

图 4-24　单个文字的"风吹"动画　　　　图 4-25　"风吹字"动画时间轴和效果

4.4.3　综合实例

通过前面两小节的学习,我们知道创建动作补间动画可以分 3 步走:首先在舞台上制作元件的实例;其次检查首、末关键帧的内容是否符合创建动作补间动画的条件;最后在【属性】面板中的【补间】选项中选择"动画"即可。这里介绍制作一个补间动画的综合实例。

下面以一个"小车运动"的动画来说明动作补间动画的综合运用:

(1) 新建 Flash 文档,将"图层 1"改名为"背景"并在"背景"图层的第 1 帧绘制背景,在第 30 帧单击右键,在弹出的快捷菜单中选择【插入帧】命令,插入普通帧。锁定该图层避免误操作,如图 4-26 所示。

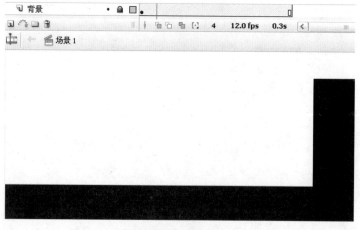

图 4-26　绘制背景

(2) 新建"图层 2"图层,绘制一个圆形并转换为图形元件"轮子",再复制一个"轮子"实例;绘制两个矩形并分别转换为元件"车身"和"木块",如图 4-27 所示。

(3) 选中"图层 2"的所有实例并单击右键,在弹出的快捷菜单中选择【分散到图层】命令,时间轴如图 4-28 所示。

图 4-27 制作小车元件

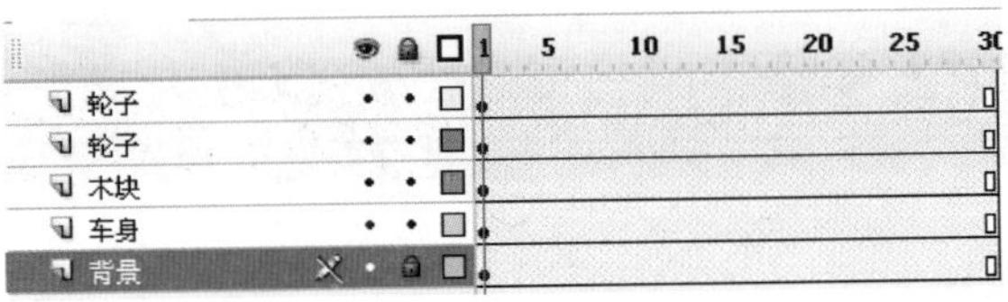

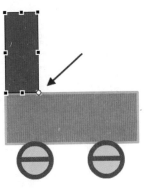

图 4-28 分散到图层后的时间轴

（4）选中"木块"图层第 1 帧的"木块"实例，选择【任意变形工具】并将"木块"的"旋转中心点"移动到右下角，如图 4-29 所示。

（5）选中两个"轮子"图层以及"木块"和"车身"图层的第 20 帧，单击右键，在弹出的快捷菜单中选择【插入关键帧】命令，然后将各图层的对象整体移动至右侧并创建各个图层的动作补间动画，如图 4-30 所示。最后设置两个"轮子"补间动画的补间属性【旋转】为"顺时针"、"2"次。

（6）选中"木块"图层的第 25 帧，单击右键，在弹出的快捷菜单中选择【插入关键帧】命令并将"木块"旋转至水平，然后在 20 至 25 帧之间创建动作补间动画，如图 4-31 所示。

图 4-29 移动旋转中心点

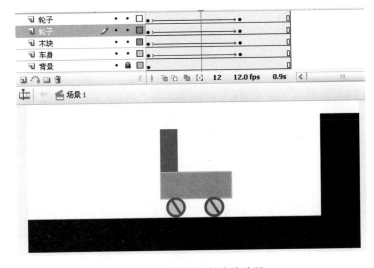

图 4-30 设置小车移动动画

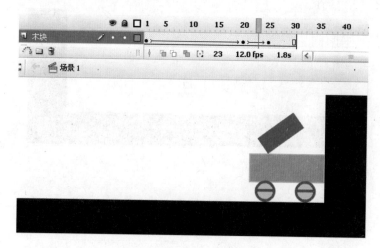

图 4-31　设置木块倒下动画

（7）制作完毕，测试影片。

第5章
利用Flash CS3创建图层动画

本章将在基本动画的基础上介绍通过添加引导层和遮罩层来实现的一类特殊动画效果。这些图层动画只要运用恰当,可以为作品增色不少。

图层动画主要指引导线动画和遮罩动画。引导线动画是在运动对象上方添加一个运动路径的图层,然后在该层中绘制对象的运动路线,使对象沿该路线运动;遮罩动画由至少两个图层组成,上层为遮罩层,下层为被遮罩层。被遮罩层的内容被遮罩层遮住,只有在遮罩层上填充色块之下的内容才是可见的,而遮罩层的填充色块本身则是不可见的。

核心概念

引导线动画、引导层、被引导层、注册中心点、遮罩层动画、遮罩层、被遮罩层

学习建议

(1)打好基础:通过"要点提示"和实例的练习,掌握引导线动画和遮罩动画的基本原理以及创建此类动画需要注意的问题。

(2)拓展训练:认真思考"拓展思考"部分提出的思考问题,加深认识,拓展思路;积极地动手实践,巩固所学的知识。

(3)提高水平:认真完成课程中所涉及的案例。在已有的知识基础上,举一反三,发散思维,制作出更多更好的创意作品。

5.1　引导线动画

基本的运动补间动画只能使对象产生直线方向的移动,而对一个曲线运动,就要不断设置关键帧,为运动指定路线。虽然可以制作逐帧动画来实现这种效果,但是这几乎是不可能的,因为太过于烦琐。一个简单的运动还可以勉强接受,一旦运动的路径复杂一些,这将是一项工作量极大的工作。

事实上,在 Flash CS3 中可以直接实现自定义的路线运动动画。这个功能就是在运动对象上方添加一个运动路径的图层,然后在该层中绘制对象的运动路线,使对象沿该路线运动。如图 5-1 所示。在播放时,该层是隐藏的。在运动引导层中可以绘制自由的路径,一个或多个对象可以沿着这些路径运动。引导层中的路径叫做引导线,此类动画就叫做引导线动画。

例 5-1　使用引导线制作一个蝴蝶沿路径在绿叶中飞舞的动画效果,如图 5-2 所示。操作步骤如下:

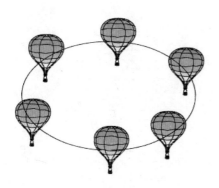

图 5-1　引导线动画　　　　　　　图 5-2　蝴蝶沿曲线路径运动

（1）新建一个 Flash 文档,设置文档大小为 500×300 像素,导入背景和蝴蝶图片到库中。

（2）新建两个图层"背景"和"蝴蝶"。按 Ctrl+ L 快捷键,打开【库】面板,将图片拖入到相应图层中。

（3）选中"蝴蝶"图层,单击 ◔ 按钮新建一个引导层,如图 5-3 所示。在引导层中用【铅笔工具】绘制一条曲线路径,如图 5-4 所示。

（4）选中"蝴蝶"图层第 1 帧中的蝴蝶图片,选择【修改】|【转换为元件】命令或按 F8 键,打开【转换为元件】对话框,将蝴蝶位图转换为图形元件,如图 5-5 所示。

运动引导层:绘制路径

添加运动引导层

图 5-3　添加引导层

在引导层中绘制的白色路径

图 5-4　绘制路径

图 5-5　【转换为元件】对话框

（5）在"蝴蝶"图层第 35 帧按 F6 键,插入一个关键帧;同时在"引导"图层和"背景"图层的第 35 帧按 F5 键插入普通帧。

（6）选中"蝴蝶"图层,制作第 1～第 35 帧之间运动的补间动画,如图 5-6 所示。在第 1 帧,将蝴蝶元件的注册点放到引导路径右下的起点处;在第 35 帧,将蝴蝶元件的注册点放到引导路径左上的终点处,如图 5-7 所示。

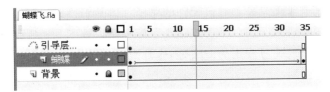

图 5-6 引导线动画时间轴

第35帧路径终点　　　　中心注册点　　　第1帧路径起点

图 5-7 蝴蝶引导线动画的设置

（7）保存文档，按 Ctrl＋ Enter 快捷键测试动画效果。

小知识　　　元件是 Flash 中一种比较独特的对象，自动保存在库中。如果要实现一些特殊的动画效果，必须将对象转换为元件；保存在库中的元件可以拖出供反复使用。

被转换成元件的对象中都有一个圆圈，叫做中心注册点，如图 5-7 所示。中心注册点默认位置在元件正中，可以移动注册点的位置。

要点提示

1）引导层

引导层用来放置引导线。引导线也就是运动对象的运动路径，可以使用铅笔、线条、椭圆和画笔等绘图工具进行绘制。引导线一定要是散的形状，可以是连续或不连续的任意曲线，可以是任意颜色、任意粗细，可以绘制在舞台内外任意位置，但绝对不能是整体。无论是否隐藏引导层，播放动画时，运动引导线都是不可见的。

2）被引导对象

引导层所引导的对象必须是元件，包括图形、按钮和影片剪辑 3 种类型。在制作引导线动画时，首先要做的就是创建元件或将对象转换为元件。只有元件才有注册中心点，才能在关键帧处将注册中心点放置到引导路径上。这个步骤非常重要，元件中心能否被正确吸附到引导线上，是引导线动画能否创建成功的关键。

3）引导关系

一个 Flash 场景中可以有多个引导层，引导不同的对象沿着各自的路径运动。同一个引导层也可以引导多个对象元件。对象元件的路径可以是引导线的部分或全部。制作引导线动画,特别要注意的是,两个图层是否成正确引导关系。如图 5-8 所示就是一些引导关系的示意图。将错误的引导关系改正的方法是,将被错误引导的图层移出一次引导层,然后再移入正确的一次引导图层。

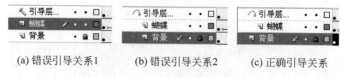

(a) 错误引导关系1　　　(b) 错误引导关系2　　　(c) 正确引导关系

图 5-8　引导关系示意图

拓展思考

1) 不规则引导线的制作

一只蚂蚁沿着一片树叶的边缘爬一周,树叶的轮廓为引导线。怎样得到或绘制出树叶的轮廓作为引导线呢?

2) 影片剪辑在引导线动画中的应用

在例 5-1 中,蝴蝶虽然沿引导线在绿叶间移动,但是并没有挥舞翅膀,飞舞效果太死板。怎样才能让蝴蝶自然地一边挥舞着翅膀,一边自由地在叶间移动呢?

提示:可以利用蝴蝶动态的 gif 图片制作影片剪辑元件,随引导线移动。

5.1.1　沿路径方向的引导线动画

在例 5-1 中,蝴蝶的飞舞是平移的。蝴蝶的飞舞方向没有沿路径的方向自动调整角度,显得很不自然。

例 5-2　制作一条鱼沿路径方向在水中摇摆游动的效果,如图 5-9 所示。

操作步骤如下:

(1) 新建一个 Flash 文档,文档属性为默认值。

图 5-9　沿路径方向摇摆游动的鱼

(2) 单击 <img> 按钮,在"图层 1"上方添加运动引导层。选择工具箱中的【铅笔工具】 <img>,在引导层绘制一条如图 5-10 所示的曲线。在引导层的第 15 帧按 F5 键,插入一个普通帧延续引导线。

(3) 重命名"图层 1"为"金鱼",把"游鱼"影片剪辑元件从【库】面板中拖入该层,调整大小,并将元件的注册点与引导线的右端点对准,如图 5-11(a)所示。

(4) 在"金鱼"图层的第 15 帧按 F6 键,插入一个关键帧,将金鱼移动到线的左端,并将金鱼的注册点与线的左端对准,如图 5-11(b)所示。

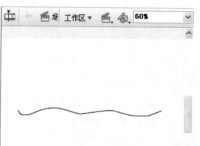

图 5-10　绘制引导线

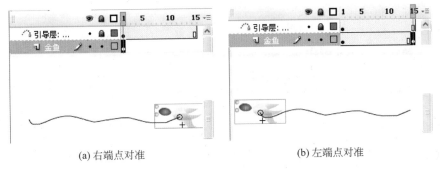

(a) 右端点对准　　　　　　　　　　(b) 左端点对准

图 5-11　金鱼引导线动画的设置

（5）选择"金鱼"图层第 1～第 15 帧之间的任意一帧，打开【属性】面板，创建运动补间动画，选中"调整到路径"复选框，如图 5-12 所示。

（6）保存文档，按 Ctrl ＋ Enter 快捷键测试动画效果。

要点提示

在例 5-2 中，金鱼游动的路径一定要是散的形状。因为在播放动画时，运动引导线都是不可见的。所以引导线的颜色和粗细都不重要。这里可以使用铅笔、线条、椭圆、矩形、画笔甚至是墨水瓶等绘图工具进行绘制。

使用鼠标绘制任意曲线时，手难免会有抖动。为了绘制出较好的曲线效果，可以选择【铅笔工具】属性中的平滑设置多尝试几次，如图 5-13 所示。绘制连续曲线时，鼠标要特别注意不要离开舞台形成断点。如果本例中金鱼的路径动画不成功，金鱼游走的是直线，那么路径中有断点也可能是失败的原因之一。

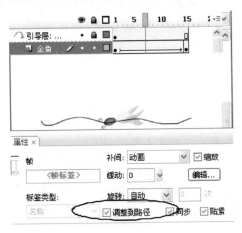

图 5-12　"调整到路径"动画设置　　　　　图 5-13　【铅笔工具】平滑选项

拓展思考

1）金鱼在一条路径上反方向游动

例 5-2 实现了金鱼沿路径方向从右到左摇摆游动的动画。如果想要金鱼沿同一路径从左到右游动的话，怎么实现呢？

2）金鱼在一条路径上来回游动

如果想要实现金鱼在同一条路径上来回游动的效果呢？试着做一做。

3）一条路径多条鱼儿游动

使用同一条路径，多条鱼儿游动（不限方向，方式，速度），怎么实现？

提示：一条引导线可以引导多个对象元件。鱼儿们可以选择不同的起止点、方向，也可以设置不同的帧长度。

5.1.2　多引导层的动画

前述的例子中都是只有一条引导线的简单路径动画。实际上，多引导线的动画也是很普遍的。例如，多个对象沿着各自不同的路径前进。

例 5-3　制作一个多引导层的动画。地球绕太阳旋转，当地球在太阳前面时挡住太阳，当地球绕到太阳后面时被太阳挡住。显然这里有两条引导线。一条引导地球在太阳前面；另一条引导地球在太阳后面。效果如图 5-14 所示。

操作步骤如下：

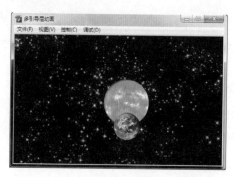
(a) 地球在太阳前

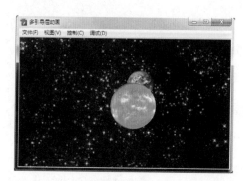
(b) 地球在太阳后

图 5-14　地球绕太阳旋转

（1）新建一个 Flash 文档，设置文档大小为 500×300 像素，导入地球、太阳和星空图片到库中。

（2）按 Ctrl＋L 快捷键，打开【库】面板，选中"太阳"图片，按 F8 键转换为"太阳"图形元件。双击"太阳"元件进入元件编辑界面，使用【魔术棒工具】去掉太阳的黑色背景。使用同样的方法，编辑"地球"图形元件，去掉黑色背景。库中元件如图 5-15(a) 所示。

（3）在场景中新建 5 个图层，各图层命名和关系如图 5-15(b) 所示。设置"地球 1"图层和"前半圈引导线"、"地球 2"图层和"后半圈引导线"图层为引导关系。将库中各元件拖入相应图层中。

（4）选中"前半圈引导线"图层，在工具箱中设置笔触颜色为红色，填充色无，使用【椭圆工具】绘制一条椭圆路径，然后用【任意变形工具】调整路径的大小和角度。在椭圆引导线上用【橡皮擦工具】擦出两个缺口，分成两条引导线，如图 5-16 所示。剪切太阳背后的路径，粘贴到"后半圈引导线"图层的相同位置。

（5）选中"地球 1"图层，制作第 1～第 25 帧之间的前半圈引导动画，时间轴和效果如

(a)库中元件　　(b)图层的命名和关系

图 5-15　库和层次关系

图 5-16　两条引导线

图 5-17 所示。同理,制作"地球 2"图层中第 26～第 50 帧之间的后半圈引导动画,时间轴和
效果如图 5-18 所示。

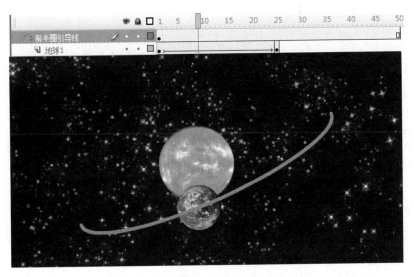

图 5-17　地球绕太阳前半引导时间轴

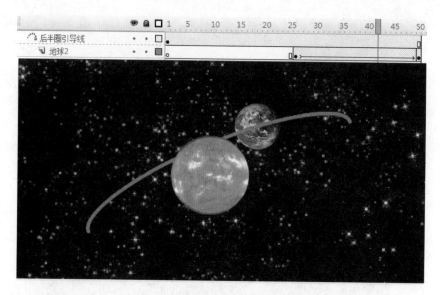

图 5-18   地球绕太阳前后半引导时间轴

（6）在"星空背景"和"太阳"图层的第 50 帧，按 F5 键插入普通帧。最终时间轴如图 5-19 所示。保存文档，按 Ctrl＋Enter 快捷键测试动画效果。

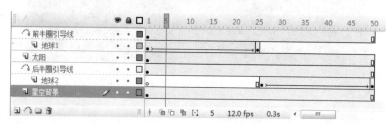

图 5-19   最终时间轴

> **小知识**   在封闭的引导线上运动的对象有"惰性"，它会自动选择沿路径短的方向运动。例如，在一个封闭的圆形的路径中想要对象转大半个圆是不可能的，它会自动选择小半圆的路径来运动。
>
> 可以使用【橡皮擦工具】在引导线上擦出缺口，使引导线不再封闭来解决这个问题。

要点提示

1）引导线绘制

例 5-3 中引导线是封闭的椭圆曲线。这里使用了【橡皮擦工具】擦出缺口，将引导线分成两条，分别放在两个图层中，引导各自的对象运动。

2）层次关系和引导关系

地球绕太阳旋转，当地球在太阳前面时挡住太阳，当地球绕到太阳后面时被太阳挡住。要实现这个效果，层次关系是很重要的。因此，在制作本例时要特别注意太阳和地球 1 及地球 2 的上下层次关系。另外，太阳是静止不动的，不应该属于任何引导线的引导范畴，不要将"太阳"图层加入到引导关系中。正确的层次关系和引导关系如图 5-19 所示。

拓展思考

(1) 本例可以使用一条引导线来实现吗？为什么？如果可以，怎样实现？

(2) 使用多条引导线引导鱼儿游动。

例 5-1 中只使用了一条引导线，鱼儿的游动路径单一。可以尝试使用多条不同的路径引导线引导鱼儿游动，让鱼儿游动更自然，更无规律。

5.1.3　复杂引导线的动画

上述引导线动画中的引导线都很简单，元件对象运动的路径比较单一。下面介绍制作一个复杂一点的引导线动画的实例。

例 5-4　一根铅笔以手写的方式将汉字"我"一笔一笔写出来，实现了写字的效果。很显然，引导线是"我"字的轮廓。这样的引导线比之前的例子中的引导线要复杂得多。文字"我"的轮廓不是连续的。引导线分右上的"点"部分和剩余部分两个部分，效果如图 5-20 所示。

操作步骤如下：

(1) 新建一个 Flash 文档，文档属性为默认值。

(2) 选择【文本工具】，在【属性】面板中设置字体为黑体，大小为 120 像素。在舞台中央输入一个汉字"我"，按 Ctrl ＋ B 快捷键将其分离。选择【墨水瓶工具】，为字体勾画轮廓，如图 5-21 所示。

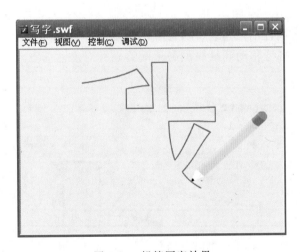

图 5-20　铅笔写字效果

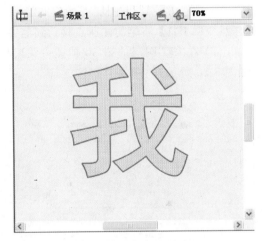

图 5-21　墨水瓶勾画轮廓

(3) 选中"我"字的填充部分，按 Delete 键将其删除。新建两个图层，将字体轮廓复制到"图层 3"中。右击"图层 3"，在弹出的快捷菜单中选择【引导层】命令，设置引导。重命名"图层 3"为"引导层"，"图层 2"为"笔"，如图 5-22 所示。

(4) 在"图层 1"上新建"图层 4"。在引导层的第 35 帧插入普通帧，在"图层 4"的第 31 帧插

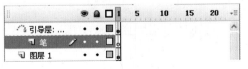

图 5-22　建立引导层

入空白关键帧。选择"图层 1"的汉字"我"右上方的"点"笔画的轮廓,并复制到"图层 4"的第 31 帧,时间轴如图 5-23 所示。

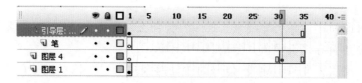

图 5-23   建立写字层

(5)选择引导层,将文字"我"的起始位置和"点"的起始位置用橡皮擦擦一个小缺口,如图 5-24 所示。

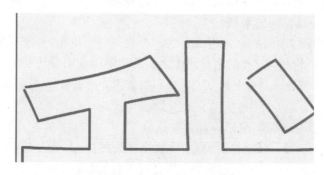

图 5-24   用橡皮擦工具修改路径

(6)将"图层 1"和"图层 4"锁定并隐藏。选中"笔"图层,将"铅笔"元件笔拖入舞台中,选择【任意变形工具】,将笔的注册点移动到笔尖,并将注册点与缺口的起点对准,如图 5-25 所示。

(7)在"笔"图层的第 30 帧插入关键帧,将笔移动到缺口的另一端终点并对准注册点,如图 5-26 所示。

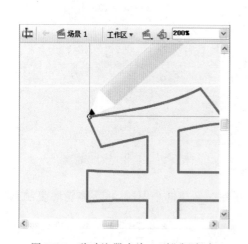
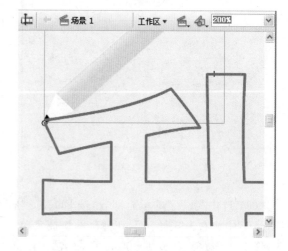

图 5-25   移动注册点中心到"我"起点   图 5-26   移动注册点中心到"我"终点

(8)继续制作"点"笔画的引导线动画。在"笔"图层第 31 帧插入关键帧,将笔移动到"点"笔画的缺口处,将注册点与线的起点对准,如图 5-27 所示。

（9）在"笔"图层第35帧插入关键帧，将笔移动到缺口的另一端，并将注册点与线的终点对准，创建补间动画，如图5-28所示。

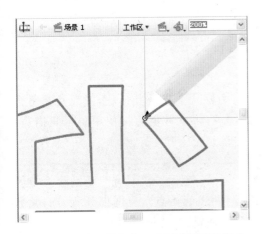

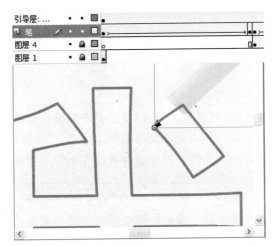

图5-27　移动注册点中心到"点"笔画的起点　　　图5-28　移动注册点中心到"点"笔画的终点

（10）锁定"引导层"和"笔"图层，并隐藏两个图层。取消"图层1"的锁定和隐藏。在"图层1"的第2帧插入关键帧，选择【橡皮擦工具】，擦除字体的一部分，如图5-29所示。

（11）在第3帧插入关键帧，使用【橡皮擦工具】接着擦除，如图5-30所示。

图5-29　擦出第2帧中部分字体轮廓　　　　图5-30　擦出第3帧中部分字体轮廓

（12）同上，继续插入关键帧，每插入一个关键帧就用【橡皮擦工具】擦除相应部分，一直创建至第30帧的位置。按住Shift键选中第1～第30帧并右击，在弹出的快捷菜单中选择【翻转帧】命令。同理，在"图层4"的"点"的部分也创建擦除逐帧动画，如图5-31所示。

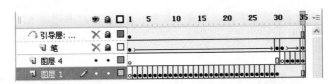

图5-31　最终时间轴

（13）取消"笔"图层和引导层的锁定和隐藏，保存文档，按Ctrl＋Enter快捷键测试动画效果。

> 　　　　　　元件的注册点默认位置在元件正中心,沿引导线运动时是以注册点的位
> 　　　　　　置为参考点对齐路径的。所以在本例中为了实现笔尖写字效果,必须再将元
> 件的注册点移动到笔尖处。

要点提示

1) 文字轮廓

使用【墨水瓶工具】描边是得到复杂轮廓的一个好方法。文字及其形状,图片及其组合和元件都可以通过此法得到其轮廓。值得注意的是,只有形状才能直接使用墨水瓶描边。所以一个整体对象必须分离后才能使用墨水瓶工具。

2) 写字过程

例 5-4 是写个汉字"我"。从笔画分析要分两笔来写:一笔是"点";另一笔是除去"点"的剩余部分。被引导的铅笔移动至少需要 4 个关键帧(两组起始点),且两部分所需的帧数是不同的(速度不同)。要根据中英文字的特点给出合适的设置,才能做出好的动画效果。

5.2　遮罩动画

遮罩动画也叫做蒙版动画,是 Flash 中很有用的功能。其基本意思是,某个特殊的层可以作为遮罩,遮罩层之下的一层是被遮罩层遮住的,只有在遮罩层上填充色块之下的内容是可见的,而遮罩层的填充色块本身则是不可见的。如图 5-32 所示就是一个非常典型的遮罩动画。很显然,此遮罩效果由文字层和图片层构成。图片被文字遮罩遮住,只有透过文字层的部分才可见。

要创建动态效果,可以让遮罩层或被遮罩层运动起来。其运动可以是逐帧动画、形状补间动画和运动补间动画,甚至是引导线动画。随着遮罩层或被遮罩层的运动,能看到的内容也在发生变化,由此而产生的遮罩效果更是千变万化。

图 5-32　遮罩动画示例

例 5-5　使用遮罩层制作字幕动画效果,文字从字幕框的下边缘出现并向上滚动,在字幕框的上边缘消失。效果图如图 5-33 所示。

操作步骤如下:

(1) 新建一个 Flash 文档,设置文档大小为 500×400 像素,导入背景图片到库中。

(2) 选择"图层 1",重命名为"背景"。新建两个图层,分别命名为"矩形遮罩"和"滚动字幕"。打开【库】面板,将背景图片拖入"背景"层中。

(3) 在"矩形遮罩"层中选择【矩形工具】绘制一紫色无轮廓的矩形,大小、位置如图 5-34(a)所示。

 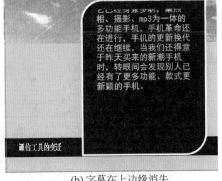

(a) 字幕从下边缘出现　　　　　　　　　(b) 字幕在上边缘消失

图 5-33　字幕遮罩动画

　　（4）选中"滚动字幕"层，在第1帧中选择【文字工具】输入若干灰色文字，文字的属性设置如图 5-34(b)所示。在第 50 帧处插入关键帧，设置文字的属性、大小、位置，如图 5-34(c)所示。选中第1～第 50 帧中任意一帧创建文字的运动补间动画，效果如图 5-35 所示。

(a) 矩形大小、位置　　　　(b) 文字第1帧大小、位置　　　　(c) 文字第50帧大小、位置

图 5-34　属性设置

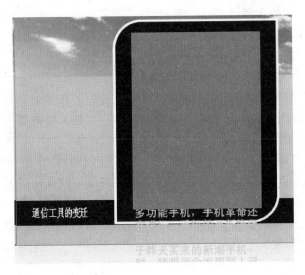

图 5-35　运动补间动画

（5）移动"矩形遮罩"层到"滚动字幕"层之上，右击"矩形遮罩"图层，在弹出的快捷菜单中选择【遮罩层】命令。最终时间轴如图 5-36 所示。

（6）保存文档，按 Ctrl ＋ Enter 快捷键测试动画效果。

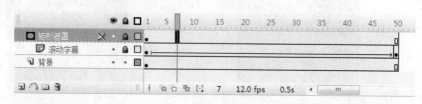

图 5-36　最终时间轴

> **小知识**　设置遮罩关系后，遮罩层和被遮罩层都会自动加锁。加锁之后在编辑状态就能看到遮罩动画的效果；如果解锁，那么就看不到遮罩动画的效果了。是否加锁不影响最终播放效果。

要点提示

1）遮罩效果

遮罩效果至少由两个图层构成。右击上面的图层，在弹出的快捷菜单中选择【遮罩层】命令，就可以形成遮罩。上层的叫"遮罩层"，下层的叫"被遮罩层"。形成遮罩后，看到的遮罩内容在形状上是两个图层的交集部分，在颜色和内容上是下层对象的颜色和内容。即透过"遮罩层"的对象看到"被遮罩层"中的对象及其属性（包括它们的变形效果）。如果两个图层没有交集，那么什么都看不到；如果要实现颜色渐变，那么这些变化不能在遮罩层中实现（因为在遮罩效果中只能看到下层对象的颜色和内容）。

2）遮罩层

遮罩层中的图形对象在播放时是看不到的，遮罩层中的内容可以是按钮、影片剪辑、图形、位图、文字等，但不能是线条。如果一定要用线条，可以将线条转化为"填充"。按钮元件内部是不能有遮罩层的。

3）被遮罩层

被遮罩层中的对象只能透过遮罩层中的对象被看到。在被遮罩层中，可以是线条、按钮、影片剪辑、图形、位图、文字等，但不能是动态文本。按钮元件内部是不能有被遮罩层的。

4）遮罩中可以使用的动画形式

可以在遮罩层、被遮罩层中分别或同时使用形状补间动画、动作补间动画、引导线动画等动画类型，从而使遮罩动画变成一个可以施展无限想象力的创作空间。

5）遮罩关系

一个 Flash 场景中可以有多个遮罩关系组，遮罩不同的对象形成各种效果。同一个遮罩层也可以遮罩多个对象。遮罩可以应用在 gif 动画上，但不能用一个遮罩层试图遮蔽另一个遮罩层。遮罩成功后，遮罩层和被遮罩层的图标自动更改。如图 5-37 所示就是一个正确的遮罩关系示意图。

图 5-37　正确遮罩关系示意图

拓展思考

1) 交换遮罩的两个图层

交换本例中"矩形遮罩"和"滚动字幕"两个图层,重新设置遮罩关系。看看动画效果有什么改变?为什么?

2) 扩展引例

利用本例中学到的知识,扩展引例。要求:文字在上层,图片在下层,两层形成遮罩。图片层中的图片做运动补间动画,看看遮罩效果如何?

5.2.1 遮罩中的形状补间动画

遮罩动画的变化是多种多样的。可以在遮罩层、被遮罩层中分别或同时使用形状补间动画、动作补间动画和引导线动画等动画手段。

例5-6 遮罩层使用了形状补间动画,实现一种图片切换的过渡效果。"马2"图片呈圆形并从中央逐渐扩大直至替换"马1"图片,如图5-38所示。

(a) 马1图片

(b) 马2图片

图5-38 图片切换

操作步骤如下:

(1) 新建一个Flash文档,设置文档大小为350×300像素,导入"马1"和"马2"图片到库中。

(2) 选中"图层1",重命名为"马1图片";新建"图层2",重命名为"马2图片"。将两张马的图片拖入到相应图层中,按文档的属性调整好大小和位置。

(3) 在"马2图片"上新建图层,命名为"圆形中心放大"。在第1个关键帧处选择【椭圆工具】,在影片中心绘制一个小圆;在第30帧处,按F6插入关键帧。在【变形】面板中选中"约束"复选框,设置放大系数为6500%(能覆盖马图片即可),如图5-39所示。

(4) 选中第1~第30帧中的任意一帧,在【属性】面板中选择形状补间。

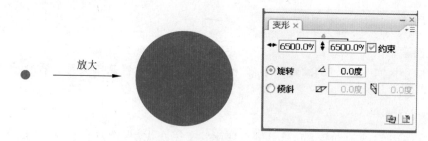

图 5-39　圆形遮罩放大效果

（5）右击"圆形中心放大"图层，在弹出的快捷菜单中选择【遮罩层】命令。最终时间轴如图 5-40 所示。

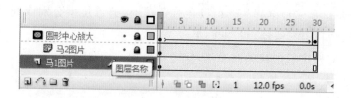

图 5-40　最终时间轴

（6）保存文档，按 Ctrl ＋ Enter 快捷键测试动画效果。

> **小知识**　　缩放对象可以使用【变形】面板来设置缩放比例，也可以使用【任意变形工具】拖动。
>
> 　　区别在于，第一种方法是对象的中心点不会移动，缩放时围绕中心点向 8 个方向同时缩放，且缩放比例可以精确设置；第二种方法是对象的中心点会向任意变形工具鼠标拖动的方向移动，且缩放比例不精确。实际应用时，应该根据实现效果来选择使用哪种方法。

拓展思考

1）扩展本例

（1）本例实现的是"马 1"图片到"马 2"图片的切换过渡。思考一下，不修改遮罩层的形状补间动画，怎么实现"马 2"图片到"马 1"图片的切换过渡效果？

（2）不动两张图片，只修改遮罩层的形状补间动画，怎么实现"马 2"图片到"马 1"图片的切换过渡效果？

2）扩展形状补间的形式

（1）下面给出几种形状切换的变化示意，自己动手做一做。

提示：添加形状提示点，如图 5-41 所示。

（2）到网上查找资料，列举几种好的形状动画效果。例如卷轴效果。

(a) 矩形遮罩从右下脚移入直至覆盖整个影片

(b) 矩形遮罩从覆盖整个影片到移出影片的变化规律

图 5-41　遮罩形状变化示意

5.2.2　遮罩中的动作补间动画

例 5-7　制作一个红星闪闪的动画效果。遮罩层使用运动补间的旋转动画,实现光芒四射的效果,如图 5-42 所示。

操作步骤如下:

(1) 新建一个 Flash 文档,设置文档大小为 400×400 像素,背景色为黑色。

(2) 选择工具箱的【矩形工具】■,在舞台中绘制一个与文档大小一致的矩形,填充色为白到黑的放射状渐变填充,参数设置如图 5-43 所示。

图 5-42　红星闪闪遮罩动画

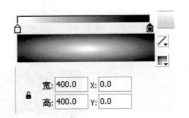

图 5-43　放射状渐变填充属性设置

(3) 选择【插入】|【新建元件】命令,插入新的图形元件“线条组合”,如图 5-44 所示。

(4) 选择【矩形工具】,设置笔触为无,在“线条组合”元件编辑界面绘制一个矩形条,如图 5-45 所示。

(5) 选择【任意变形工具】，选中绘制好的矩形条,将矩形条的中心点移动到如图 5-46 所示的位置。

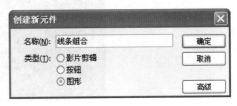

图 5-44　新建元件

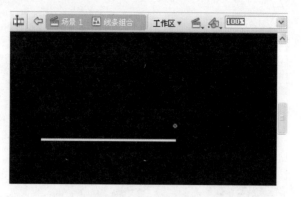

图 5-45　绘制矩形条

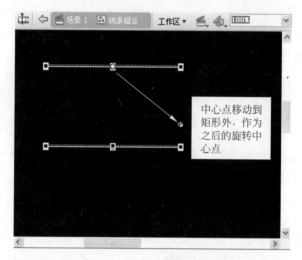

图 5-46　移动矩形的中心点

（6）保持矩形条为选中状态，打开【变形】面板，在【旋转】选项后面的文本框中输入 15，连续单击右下角的【复制并应用变形】按钮，得到如图 5-47 所示的图形。

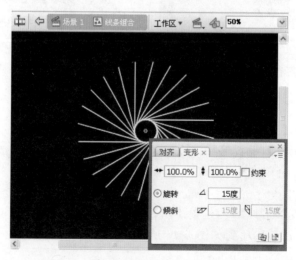

图 5-47　应用【变形】面板旋转复制矩形条

（7）按照之前的方法插入新的图形元件"红五星"。选择【多角形工具】◯，单击【属性】面板中的【选项】按钮 选项... ，打开【工具设置】对话框，在样式里选择星形。在舞台中绘制一个五角星，如图5-48所示。

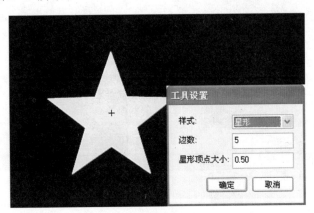

图 5-48 绘制五角星

（8）选择【线条工具】，绘制5条直线，分别连接五角星的各个顶点，然后删除填充色，如图5-49所示。

（9）打开【颜色】面板，选择放射状填充，为五角星填充颜色，并使用【渐变变形工具】进行调整。颜色和效果如图5-50所示。

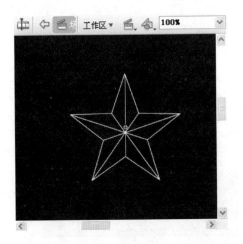

图 5-49 绘制镂空五角星线条

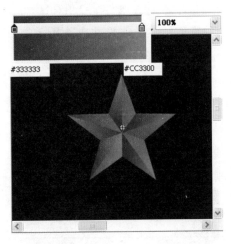

图 5-50 填充五角星

（10）返回到场景中，新建一个图层，将图形元件"线条组合"拖入舞台中，打开【对齐】面板，让其相对于舞台居中对齐，如图5-51所示。

（11）新建一个图层，选中"图层2"的"线条组合"，单击右键，在弹出的快捷菜单中选择【复制】命令。选择"图层3"，在舞台上单击右键，在弹出的快捷菜单中选择【粘贴到当前位置】命令，将线条组合粘贴到"图层3"。锁定"图层1"和"图层2"，选中"图层3"的对象，执行【修改】|【变形】|【垂直翻转】命令，得到如图5-52所示的效果。

图 5-51 对齐"线条组合"到舞台中央

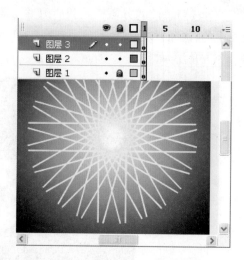

图 5-52 "线条组合"的复制垂直翻转

（12）在"图层 1"的第 10 帧插入普通帧，在"图层 2"和"图层 3"的第 10 帧插入关键帧。并分别为"图层 2"和"图层 3"创建补间动画，在"图层 2"的【属性】面板中将旋转选项选择为"顺时针"，而"图层 3"则选择"逆时针"，如图 5-53 所示。

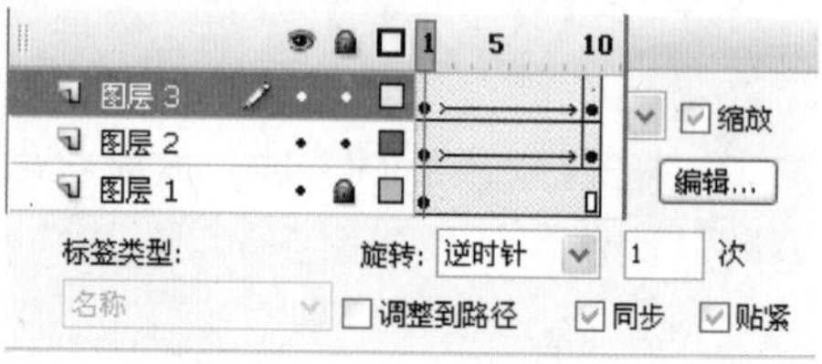

（13）右击"图层 3"，在弹出的快捷菜单中选择【遮罩层】命令，得到如图 5-54 所示的效果。

（14）新建一个图层，命名为"红星"，将图形元件"五星"拖入舞台中，并调整大小和位置，如图 5-55 所示。

（15）保存文档，按 Ctrl＋Enter 快捷键测试动画效果。

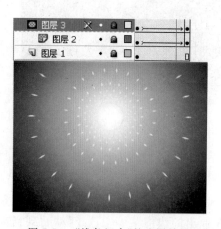

图 5-54 "线条组合"的遮罩效果

图 5-53 "线条组合"的旋转运动补间动画

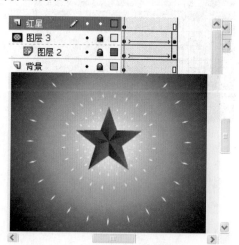

图 5-55 最终时间轴

要点提示

1）将线条转化为填充

遮罩层中的内容可以是按钮、影片剪辑、图形、位图、文字等，但不能是线条，否则遮罩是不成功的。这就是在本例中选择【矩形工具】绘制矩形条，而没有选择【线条工具】的原因。

如果一定要用线条，可以将线条转化为"填充"，方法是，选择【修改】|【形状】|【将线条转化为填充】命令，如图 5-56（a）所示。如果线条转换后的填充太粗或太细，可以选择【修改】|【形状】|【扩展填充】命令，在打开的【扩展填充】对话框中进行设置，如图 5-56（b）所示。

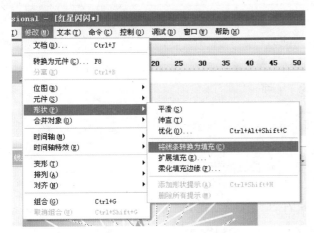

(a) 选择【将线条转化为填充】命令　　　(b) 在【扩展填充】对话框设置

图 5-56　将线条转换为填充

2）对象"中心点"的改变

在 Flash 中，任意一个对象都有一个中心点，默认位置在对象的正中心。当对象在进行缩放、旋转等操作时，都以此中心为参照点。

中心点可以使用【任意变形工具】来移动它。原则上可以在任意位置，也可以在对象上，甚至可以移动到对象外。利用这点，可以配合使用【变形】面板复制和旋转出许多效果。在本例中，就是将中心点移动到了矩形条的外面，围绕此点作旋转复制。

值得注意的是，本例题的中心点不要移动到矩形条的延长线上。因为如果这样设置中心点，那么经过旋转复制形成的图形是一个中心对称图。而这样的图形做垂直翻转后的样子和原图一样，那么遮罩的交集部分就和预想的不一样了。

拓展思考

思考一下，如图 5-57 所示的四组图是由哪个基本图形复制旋转而来，设置上的区别在哪里？动手做一做。

(a) 旋转度数不同

(b) 中心点位置不同

(c) 成比例旋转缩小

(d) 基本图形不同，中心点在外

图 5-57　中心点和变形面板的应用示例

5.2.3　遮罩中的引导线动画

通过前面的学习，我们已经掌握了基于形状补间和动作补间的遮罩变化。接下来将介绍如何实现遮罩中的引导线动画。

例 5-8　如图 5-58 所示，探照灯光沿着长城蜿蜒移动，照射着夜间的长城。

主要操作步骤如下：

(1) 新建一个 Flash 文档，重命名"图层 1"为"暗图片"。导入长城图片，按 F8 键将其转换为图片元件，并将元件拖入图层中，调整好大小和位置。

(2) 新建一个图层并命名为"亮图片"。复制"暗图片"中的长城元件到"亮图片"层的相同位置。选中"暗图片"层的长城元件，在【属性】面板中设置亮度为－60％，如图 5-59 所示。

图 5-58　将线条转换为填充

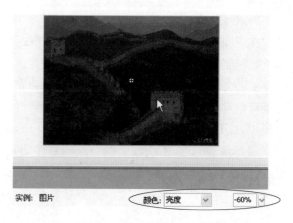

图 5-59　调暗长城元件亮度

(3) 绘制一个白色填充的圆形，按 F8 键将其转换为影片剪辑元件，并命名为"引导灯光"。在场景中双击元件，进入"引导灯光"元件的编辑界面。再次选中圆形，并按 F8 键将其转换为影片剪辑元件，命名为"灯光"。

（4）在"引导灯光"元件中，新建引导层，并沿长城绘制引导线。将"灯光"元件的注册点放置在第1帧中引导线的起点位置；在第100帧插入关键帧，将"灯光"元件的注册点放置在第100帧中引导线的终点位置。选中第1～第100帧中任意一帧，设置动作补间动画，如图5-60所示。

图5-60　"引导灯光"元件中灯光的引导线动画制作

（5）新建一个图层并命名为"引导灯光"。将制作好的"引导灯光"影片剪辑拖入该层中，右击"引导灯光"图层，在弹出的快捷菜单中选择【遮罩层】命令。最终时间轴如图5-61所示。

（6）保存文档，按Ctrl＋Enter快捷键测试动画效果。

图5-61　最终时间轴

> **小知识**　元件编辑：在场景中双击元件或者在【库】中双击元件都可以进入元件编辑界面。
>
> 区别在于：从场景中进入，场景中的其他对象以半透明的方式显示在元件的背后；从【库】中进入，元件背后没有其他对象的干扰，只有影片的背景色。
>
> 本例中，为了绘制沿长城方向的引导线，选择从场景中进入的方法。

要点提示

（1）引导层和遮罩层可以由一般图层转换而来。但图层的属性选择是唯一的，即一个图层不可能既是引导层又是遮罩层。

（2）被引导层不能设置属性为遮罩。即在引导关系下不能直接作遮罩动画。

（3）被遮罩层不能设置属性为引导。即在遮罩关系下不能直接作引导动画。

（4）遮罩层中的对象如果要沿引导线运动，必须先把引导动画做在影片剪辑里，再把影片剪辑放到遮罩层中。

（5）如果本例题在测试时灯光不能动。选择【文件】|【发布设置】命令，在打开的【发布

设置】对话框中设置 Flash Player 版本至少 6.0 及以上,如图 5-62 所示。

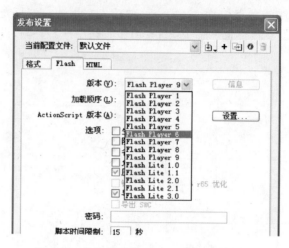

图 5-62　发布设置中 Flash Player 版本修改

5.3　引导线和遮罩动画的综合实例

学习引导线动画和遮罩动画后,接下来做一个复杂点的综合实例。

例 5-9　实现一个海底世界的动画。在海底世界里,水波荡漾,水泡徐徐上升,几条鱼儿快活地游动。

操作步骤如下:

(1) 新建 Flash 文档,文档大小为 800×600 像素,背景色为浅蓝色,如图 5-63 所示。

(2) 新建一个图形元件"气泡",选择【椭圆工具】,设置笔触为白色,填充色为放射状渐变填充,左边白色的透明度为 5%,右边白色的透明度为 30%,在舞台绘制圆形,如图 5-64所示。

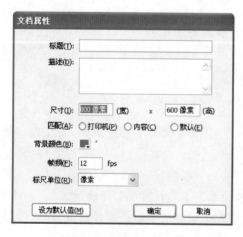

图 5-63　文档属性设置

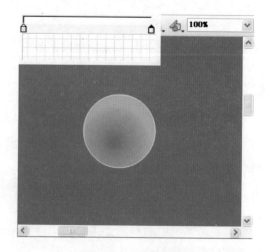

图 5-64　绘制气泡

（3）在"气泡"元件中，新建"图层 2"。选择【刷子工具】，设置合适的大小，颜色为白色，透明度为 50%。在"图层 2"中绘制气泡的高光部分，效果如图 5-65 所示。

（4）新建一个影片剪辑元件"气泡运动"，制作气泡的引导线动画。添加引导层，使用【铅笔工具】在舞台绘制图示曲线，并在引导层的第 50 帧插入帧。时间轴和效果如图 5-66 所示。

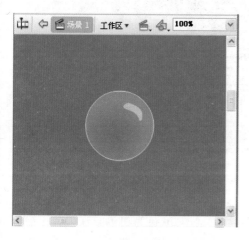 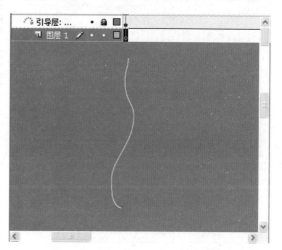

图 5-65   绘制气泡高光部分   图 5-66   "气泡运动"元件中的引导线

（5）在"图层 1"中将"气泡运动"元件拖入到影片剪辑内，调整气泡的大小和位置，将气泡的注册点与线的下端起点对准，如图 5-67 所示。

（6）在"图层 1"的第 50 帧插入关键帧，将气泡移动到线的上端，使用【任意变形工具】将其适当缩小，注册点与线的终点对准。在【属性】面板中将其透明度改为 50%，并创建补间动画，如图 5-68 所示。

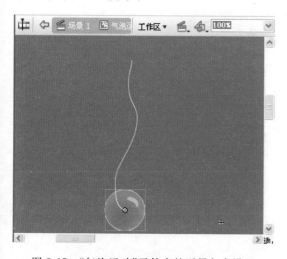 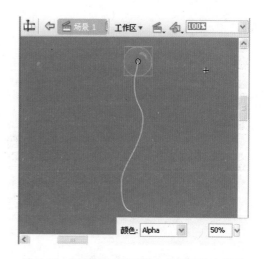

图 5-67   "气泡运动"元件中的引导起点设置   图 5-68   "气泡运动"元件中的引导终点设置

（7）同理，制作"鱼运动"影片剪辑中的引导线动画。引导线和时间轴如图 5-69 所示。

（8）返回到场景中，将背景图片拖入"图层 1"，设置大小与影片相同。新建"图层 2"，复制背景图片到"图层 2"的相同位置，然后将图片稍微向上移动一点，形成点错位。在两个图层的第 50 帧插入普通帧延续画面,如图 5-70 所示。

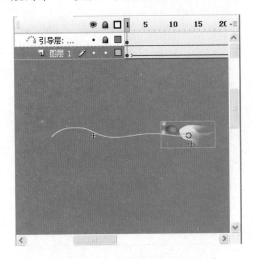

图 5-69 "鱼运动"影片剪辑

图 5-70 背景图片在两个图层中错位

(9)新建一个"图层 3",选择【矩形工具】,设置笔触为禁用,颜色为白色。在舞台中绘制一个矩形。使用【选择工具】调整矩形形状为水波形。复制若干水波,调整大小放置在舞台合适的位置,如图 5-71 所示。

(10)在"图层 3"中的第 25 帧和第 50 帧插入关键帧。选择第 25 帧的全部对象,执行【修改】|【变形】|【垂直翻转】命令。在第 1 帧和第 50 帧创建形状补间动画。右键单击"图层3",在弹出的快捷菜单中选择【遮罩层】命令。

(11)新建一个图层,将影片剪辑"气泡运动"和"鱼运动"拖几个到舞台上,并设置位置和大小,最终效果如图 5-72 所示。

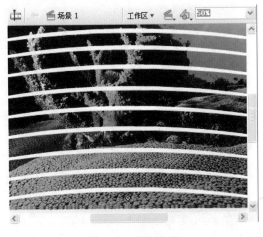

图 5-71 绘制水波

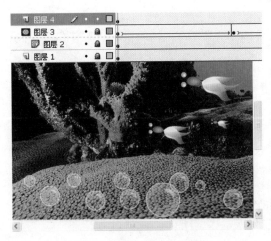

图 5-72 最终效果和时间轴

(12)保存文档,按 Ctrl+Enter 快捷键测试动画效果,如有不合适的地方可再次进行调整。

要点提示

（1）气泡的绘制用到了颜色的 Alpha 透明度的属性设置，有高光感。这是一种在绘制一些透明、立体对象时常用的技巧。在实际制作 Flash 动画时，一般不可能找到所需的全部素材，很多时候必须自己绘制或修改素材。因此，熟练地掌握绘制工具，并能恰当地运用属性设置也是十分必要的。

（2）在本例中，鱼儿游动和气泡上升的运动动画是做在影片剪辑里，而不是在场景中。这样做的原因是：影片剪辑的时间轴独立于场景的时间轴，动画效果不受场景的影响而自动循环播放。利用这个特点，从库中拖出了多个鱼和气泡运动的影片剪辑的实例，就可以达到多条鱼和多个气泡的动画效果，而不用重复地在场景中制作多个引导线动画。在实际应用中，可以把一些做得好的动画效果放在影片剪辑里。要使用时，可以从库中将其拖到任意一个 Flash 文档中。

（3）在影片剪辑的制作中，鱼儿游动和气泡上升运动用到了引导线动画。引导线所引导的对象一定要是元件，因为游鱼和气泡必须是元件才能被正确引导。另外，要使引导成功，要注意元件的注册中心点一定要对齐到路径上。

（4）在做水波荡漾的遮罩效果时（见上面步骤（8）～（10）），形成的水波形遮罩不能和原图完全重合，必须要有错位，否则看不到荡漾的效果。所以在制作时，要将海底背景图片（即图层1）复制一份到图层2，并移动图层2中的海底背景图片的位置，以使其与图层1的图片产生一点位移（见上面步骤（8））。

拓展思考

要做出好的动画效果来，不能按部就班，要善于总结经验和精益求精地不断探索和创新。其实，海底世界这个例子中还有很多可以考究的细节。

（1）多做几个气泡运动的影片剪辑：可以调整时间轴长短；可以使用不同的曲线路径引导气泡上升；可以设置气泡升起的不同的起始帧。在场景中分别拖入不同影片剪辑的若干实例。这样，气泡运动看起来更自然，更随机。

（2）气泡元件在引导线的起点和终点两个关键帧设置不同属性：可以在终点处将气泡设置为原始的80％大；可以在终点处将气泡的 Alpha 透明度设置为0，消失看不见；可以在终点处将气泡旋转15°；这样，气泡上升运动的效果看起来更真实，更符合规律。

（3）同理，鱼儿游动的影片剪辑可以作同上修改：更改游动的方向、速度、路径等，甚至可以更换鱼的种类，让海里的鱼儿的种类更多，游得更欢畅。

（4）上面的思想同样适用于水波荡漾的效果。可以通过更改水波的形状、时间长短等方法来达到更加满意的效果。

总之，不能仅仅满足实现一个特定的效果。在动画中，哪里不合适、不自然就在哪里修改，一直修改到满意为止，这可能是一个比较细致和花时间的功夫。要有耐心，要反复练习和不断拓展思路才能做出一个好的作品。不止是这个例子，在今后的 Flash 动画制作生涯里始终都要贯彻这些思想，因地制宜，大胆创新才能更上一层楼。

第 **6** 章

元件、实例和声音

本章说明

元件是 Flash 中一种比较独特的对象。元件只需要创建一次，就可以在整个动画制作过程中反复使用，而元件在场景中的应用就被称为实例，当编辑元件时就会相应地更新它的所有实例，这样使编辑过程变得简单，使创建复杂的交互变得更加容易。当元件被创建后，会自动保存在库中，元件只在动画中存储一次，所以不管被重复用多少次，它只在动画中占据很少的空间，这样就大大地降低了文件大小。在 Flash 中，还可以为影片添加声音效果，使动画更加生动，更具艺术感染力。相信读者通过对本章学习后，能够结合自己的兴趣和技术做出优秀的 Flash 动画作品。

核心概念

元件、空白元件、库、图形元件、按钮元件、影片剪辑元件、实例、声音

学习建议

(1) 通过阅读，理解元件和实例之间的联系和区别，了解如何使用声音媒体，并能掌握相关的核心概念。

(2) 通过实例制作，结合"拓展练习"和"小知识"的内容，认真思考，动手操作，掌握实例的功能，从而加深对元件和实例的理解和认识。

6.1 元件的基本概念

本节介绍元件的基本概念，其中包括元件的定义、元件在 Flash 中的作用、元件类型、元件来源等知识点。

1. 什么是元件

元件是 Flash 中一种比较特殊、可被反复使用的对象，也是构成交互动画不可缺少的组成部分，它可以独立于主动画进行播放。它是在 Flash 中创建并保存在库中的图像、影片剪辑或按钮。

2. 为什么要使用元件

在 Flash 中引入元件,主要是为了减小动画文件的大小。一个元件被创建之后可以被重复使用,且该元件会自动保存在库中,不管该元件被引用多少次,它只在动画中储存一次,这就大大地降低了文件的大小。

Flash 制作的动画常常用于动态网页,使用户在浏览时只需要下载少量的元件,这样就加快了动画在网络中的下载速度。

在 Flash 中,元件一旦创建了就自动保存在元件库中,当需要修改动画中的某个元素时,只需要对元件进行修改,那么使用过该元件的实例就会自动地做出相应的修改。

所以元件的使用大大减少了动画制作的工作量,也使编辑过程变得简单容易。

3. 元件的类型

在 Flash 中元件分为 3 种类型:影片剪辑、图形和按钮,每个元件都有自己的场景和时间轴。当创建元件时,首先要确定需要创建什么类型的元件。

(1) 影片剪辑元件:该元件用于创建可重复使用的动画片段,可以看做是电影中的小电影。影片剪辑拥有各自独立于主时间轴的多帧时间轴,可以包含交互式控件、声音甚至影片剪辑实例,也可以将影片剪辑实例放在按钮元件的时间轴内,以创建动画按钮。此外,可以使用 ActionScript 对影片剪辑进行编辑,所以影片剪辑是 Flash 中最具交互性、用途最多、功能最强的部分。

(2) 图形元件:该元件用于创建可反复使用的图形,它可以是静态图形对象,也可以是多帧动画,但交互式控件和声音在图形元件的动画序列中不起作用。图形元件与动画的时间轴同步运行。

(3) 按钮元件:该元件用于响应鼠标单击、指针经过、按下和弹起动作等交互,可以定义与各种状态关联的图形,将动作指定给按钮实例。注意它的时间轴不能播放,只是根据鼠标指针的动作做出简单的响应。

4. 元件的来源

元件的来源有 3 种:第一种是用户自己创建的元件;第二种是从已存在的源程序中获取的元件;第三种是使用公用库中现成的元件,Flash 提供了 3 类公共库,分别是按钮、学习交互和类。要打开"公用库",只需要选择【窗口】|【公用库】命令,再选择其中需要的子菜单即可。

> **小知识** 在 Flash 中,公共库是用来存放动画创作中所创建或导入的媒体资源。详细的内容将在库面板章节中讲解。

6.2 元件的创建

本节介绍如何创建 Flash 的 3 类元件:图形、按钮和影片剪辑元件。

创建元件的方法大致可以归纳为两种:一种是先创建空白元件,然后进行元件内容的创建;另一种是将已有的对象转换成元件,然后在元件的编辑模式下对其进行修改。

6.2.1　创建空白元件

在 Flash 中创建空白元件,可以选择【插入】|【新建元件】命令或者按 Ctrl＋F8 快捷键,即可打开如图 6-1 所示的【创建新元件】对话框。在该对话框中输入新元件的名称和选择元件的类型,然后单击【确定】按钮,这样就创建了一个空白元件,此时就可以在库面板中看到已经创建的空白元件。

创建好空白元件后将自动切换到如图 6-2 所示的元件的编辑模式下。元件编辑面板中包含一个十字准星,代表元件的定位点。在创建元件内容时,用户可以使用时间轴和绘图工具来绘制,也可以通过选择【文件】|【导入】命令来导入需要的媒体文件等。

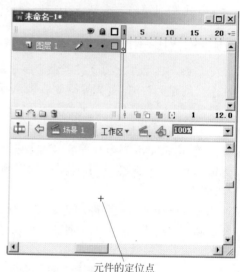

图 6-1　【创建新元件】对话框

图 6-2　元件编辑环境

> **小知识**　选择【文件】|【导入】命令时有两个选项。【导入到库】是指将对象导入放置在库面板里,而【导入到舞台】表示将选中对象直接导入放置在当前编辑工作舞台上。

例 6-1　Flower 图形元件的创建。

(1) 打开 Flash 程序,新建 Flash 文档,选择【插入】|【新建元件】命令或使用 Ctrl＋F8 快捷键。

(2) 在弹出的【创建新元件】对话框中输入该元件的名字为"Flower",选择元件的类型为"图形",如图 6-3 所示。单击【确定】按钮,即可进入图形元件编辑模式。

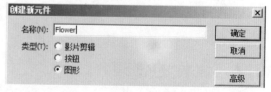

图 6-3　【创建新元件】对话框

(3) 在图形元件编辑模式环境中,选择【导入】|【导入到舞台】命令,在弹出的对话框中选择所需要导入的图片"Sun Flower",单击【确定】按钮将图片导入到编辑环境中,如图 6-4 所示。

（4）使用【文字编辑工具】在舞台上输入文字"幸福向日葵"，并设置文字的字体、颜色和大小，如图 6-5 所示。这样通过创建空白元件来创建图形元件就完成了。

图 6-4 Flower 元件编辑环境

图 6-5 Flower 图形元件最终效果

例 6-2 创建按钮元件。

（1）打开 Flash 程序，新建 Flash 文档。选择【插入】|【新建元件】命令或按 Ctrl＋F8 快捷键。

（2）在弹出的【创建新元件】对话框中输入名称为"按钮"，并将类型设置为"按钮"，如图 6-6 所示。单击【确定】按钮进入按钮元件的编辑环境中，此时空白按钮元件创建成功。

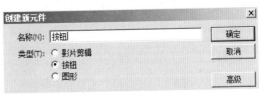

（3）在如图 6-7 所示的按钮编辑环境中可以对按钮元件的各种状态进行编辑设置（编辑过程将在后面详细介绍）。此时在【库】面板里可以看见创建的按钮元件，如图 6-8 所示。

图 6-6 【创建新元件】对话框

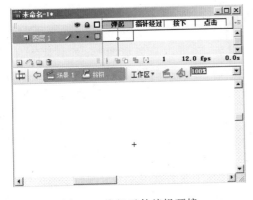

图 6-7 按钮元件编辑环境

图 6-8 【库】面板中的按钮元件

例 6-3　创建影片剪辑元件。

（1）打开 Flash 程序，新建 Flash 文档，选择【插入】|【新建元件】命令或按 Ctrl＋F8 快捷键。

（2）在弹出的【创建新元件】对话框中输入名称为"小球运动"，选择类型为"影片剪辑"，如图 6-9 所示。单击【确定】按钮进入按钮元件的编辑环境中，此时空白影片剪辑元件创建成功。

图 6-9　【创建新元件】对话框

（3）在如图 6-10 所示的影片剪辑元件编辑环境中对元件内容进行编辑，并且在【库】面板中可以看到该元件的图标，如图 6-11 所示。

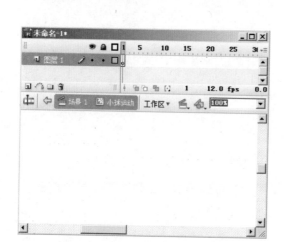

图 6-10　影片剪辑元件的编辑环境

图 6-11　【库】面板中的影片剪辑图标

拓展练习

（1）先创建空白元件，在元件编辑环境中使用铅笔或其他工具绘制一只蝴蝶，完成图形元件内容的创建。

（2）运用前面章节所学动画的制作知识，试着完善例 6-3 中元件内容的创建。

6.2.2　将已有图形转换为元件

在 Flash 中，选择要转化为元件的图形对象，它可以是矢量图形、文本对象、位图图像等，然后选择【修改】|【转换为元件】命令，或者直接在选择的图形对象上右击，在弹出的快捷菜单中选择【转换为元件】命令，如图 6-12 所示。在弹出的【转换为元件】对话框中输入元件的名称，选择元件的类型即可，如图 6-13 所示。

1.创建图形元件

创建图形元件的对象可以是导入的位图图像、矢量图像、文本对象，同时也可以是用工具箱中的工具创建的线条、色块等。创建方法如下：

图 6-12　右键快捷菜单　　　　　　　　图 6-13　【转换为元件】对话框

（1）打开 Flash 程序，新建 Flash 文档，选择【文件】|【导入】|【导入到舞台】命令。

（2）在【导入】对话框中选择需要导入的图片，并单击【打开】按钮，即可将图片导入到舞台上。

（3）在导入的图片上右击，在弹出的快捷菜单中选择【转换为元件】命令；或选中导入的图片，选择【修改】|【转换为元件】命令或者按快捷键F8，将会弹出【转换为元件】对话框。

（4）在【转换为元件】对话框中输入元件名称为"Flower"，并选择类型为"图形"，单击【确定】按钮即可，如图 6-14 所示。

（5）单击界面右上方的【编辑元件】按钮 ，在弹出的下拉列表中选择要编辑的元件，如"Flower"，进入元件编辑环境，此时可对该元件内容进行编辑。

2．创建按钮元件

在 Flash 中，创建按钮元件的对象可以是导入的位图图像、矢量图像、文本对象，以及用 Flash 工具创建的任何图形。

按钮元件有 4 个状态帧："弹起"、"指针经过"、"按下"和"点击"，如图 6-15 所示。在前 3 个状态帧中，可以放置以上提到的所有 Flash 对象，而最后一个"点击"状态帧的内容是一个图形，该图形决定鼠标指向按钮时的有效响应范围。

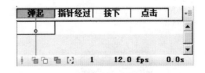

图 6-14　【转换为元件】对话框　　　　　图 6-15　按钮元件的状态帧

状态帧各自功能如下：

（1）弹起：该帧代表指针没有经过按钮时该按钮的状态。

（2）指针经过：该帧代表当指针滑过按钮时，该按钮的外观。

（3）按下：该帧代表单击按钮时，该按钮的外观。

（4）点击：该帧用来确定响应鼠标单击的区域范围，并且在 SWF 文件中不可见。

按钮元件的编辑环境和其他两类元件不同，下面介绍按钮元件的创建过程。

（1）打开 Flash 程序，新建 Flash 文档。在工具箱中选择【矩形工具】，在舞台上绘制一个圆角矩形，将矩形边缘线条删除，选中剩下的图形，为该图形填充红色。

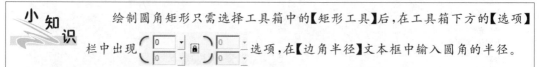

绘制圆角矩形只需选择工具箱中的【矩形工具】后，在工具箱下方的【选项】栏中出现　　　　　选项，在【边角半径】文本框中输入圆角的半径。

注意：4 个文本框代表矩形的 4 个角。默认情况下，如果 4 个角的半径相同，只需要设置左上角文本框参数就可以完成其他 3 个边角半径的设置。如果要为 4 个角设置不同的边角半径，可以单击中间锁状图标　，单击之后该图标就会呈打开状态。

（2）右击填充红色的图形，在弹出的快捷菜单中选择【转换为元件】命令或者按 F8 快捷键；也可以选择【修改】|【转换为元件】命令即可打开【转换为元件】对话框，在对话框中输入元件名称为"button"，并选择【类型】栏中的"按钮"单选按钮，再单击【确定】按钮。

（3）在舞台上双击该红色矩形，进入按钮元件的编辑状态；或者在【库】面板中双击"button"按钮元件图标　，也可以进入按钮元件的编辑状态。

（4）进入元件编辑状态后，时间轴默认选中第 1 帧，此时舞台上的红色圆角矩形就是该帧的内容，也是该按钮的一般状态。

（5）在"图层 1"中，分别为"指针经过"、"按下"状态帧添加关键帧，这样就将红色圆角矩形分别复制给这两个状态帧。

（6）选择"指针经过"关键帧，在舞台上选中对应的红色圆角矩形，在属性栏中改变其填充颜色，此时该帧的内容为绿色渐变圆角矩形，如图 6-16 所示。这样当鼠标指针经过此按钮时，红色圆角矩形就会呈渐变绿色显示状态。

（7）同理，选择"按下"状态帧，将圆角矩形颜色改为蓝色，并且将该矩形的位置向下和向右分别移动（使用方向键向下、向右分别按两次）。这样当按下该按钮时，该按钮就会向右下方移动，矩形颜色变成蓝色，出现动态效果，如图 6-17 所示。

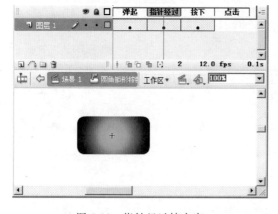

图 6-16　指针经过帧内容

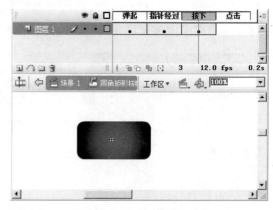

图 6-17　按下帧内容

（8）单击【场景1】图标■场景1，返回到场景编辑状态，此时不能显示按钮的动态效果，只有对按钮进行测试才能看到效果。

（9）保存 Flash 文档，通过 Ctrl＋Enter 快捷键快速地测试按钮制作效果，也可以选择【控制】|【测试影片】命令对按钮效果进行测试，将鼠标滑过按钮和按下按钮可看到按钮的实际效果。

例 6-4 创建小球按钮元件。

（1）新建 Flash 文档，在舞台上创建一个呈"放射状"渐变颜色的圆，选中该圆形，将其转换成按钮元件。

（2）在舞台上双击该圆或在【库】面板中双击该按钮元件图标，进入按钮元件编辑环境，选中圆形并将其转换为图形元件。

（3）选中"弹起"帧，再复制一个圆，选中复制的圆，在【属性】面板中将该圆的颜色设置为 Alpha，透明度值为 44％，放置到如图 6-18 所示的位置，从而制作一个倒影。

（4）选中"指针经过"帧，按 F6 快捷键，将"指针经过"帧设为关键帧，把"弹起"帧下的图形复制到该

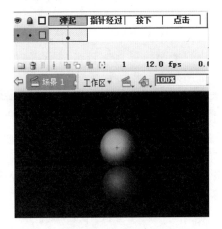

图 6-18 绿球放置位置

帧中，并把按钮图形的颜色更改成黄色，如图 6-19 所示。使用同样的做法，将"按下"帧设为关键帧，并把按钮图形的颜色更改成红色，如图 6-20 所示。

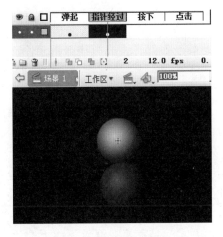

图 6-19 黄球放置位置

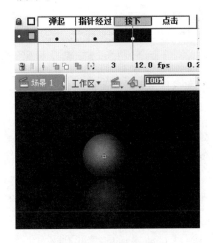

图 6-20 红球放置位置

（5）按照同样的做法，将"点击"帧设为关键帧，把按钮图形复制到该帧中。

（6）返回到"场景1"中，按 Ctrl＋Enter 快捷键快速测试按钮制作效果。

拓展练习

（1）绘制不同的按钮图形，试着给前 3 个状态帧添加不同的显示效果，同时更改对象放置的位置，制作不同的动态效果。

（2）在"点击"状态帧下绘制不同大小的图形，并将图形对象放置在不同的位置，观察有什么不一样的演示效果。

3．创建影片剪辑元件

影片剪辑元件可以简称为 MC(Movie Clip)。在 Flash 中，可以把场景上能看到的任何对象，甚至包括一个影片剪辑、一段动画转换成影片剪辑元件。

在一个动画制作过程中，我们可以自己创建动画序列来制作影片剪辑，也可以使用已经创建好的动画序列来制作影片剪辑。

下面介绍如何将一个做好的动画序列转换为影片剪辑元件，操作步骤如下：

（1）选择【文件】|【打开】命令，打开一个 Flash 动画。

（2）在【时间轴】控制面板中，利用拖动的方法选定希望制作影片剪辑的所有层和所有帧并右击，在弹出的快捷菜单中选择【复制帧】命令，如图 6-21 所示。

（3）取消帧的选择，选择【插入】|【新建元件】命令，将元件类型设置为影片剪辑，输入该影片剪辑元件的名称为"球的运动"，单击【确定】按钮，进入影片剪辑元件编辑状态。

图 6-21　【复制帧】快捷菜单命令

（4）在元件编辑状态环境中，选中时间轴的第一层第 1 帧并右击，在弹出的快捷菜单中选择【粘贴帧】命令，将所选帧粘贴过来，这样所选动画序列就转换成影片剪辑元件。

6.2.3　编辑元件

Flash 提供了 3 种方式来编辑元件，即"当前位置编辑元件"、"在新窗口中编辑元件"和"在元件编辑模式下编辑元件"。在编辑元件时，Flash 将自动更新电影或动画中的所有运用该元件的实例。

在 Flash 中，选择【编辑】|【在当前位置编辑】命令，或者在舞台上选定该元件，在元件上右击，在弹出的快捷菜单中选择【在当前位置编辑】命令；而在新窗口中编辑元件，是指只一个单独的窗口中编辑元件，要选择该命令，可以在舞台上选择该元件并右击，在弹出的快捷菜单中选择【在新窗口中编辑】命令即可；最后一种方式就是直接在编辑模式下对元件进行编辑，正在编辑的元件名会显示在舞台上方的编辑栏内，位于当前场景名称的右侧。

 要进入元件编辑模式，可以通过以下几种方式：

（1）在【库】面板中双击元件图标。

（2）在舞台上选择该元件的一个实例并右击，从快捷菜单中选择【编辑】命令。

（3）在舞台上选择该元件的一个实例，然后选择【编辑】|【编辑元件】命令。

（4）在【库】面板中选择该元件，在库选项菜单中选择【编辑】命令。

6.3 创建实例

本节介绍元件在影片中的运用,即如何创建实例对象。

6.3.1 什么是实例

通常,当一个元件应用到场景时,即可创建一个实例,也就是说实例就是把元件拖动到舞台上,它是元件在舞台上的具体体现。如将一个按钮元件拖动到舞台上,此时,舞台上的按钮不再是"元件",而是一个"实例"。在场景的时间轴上,只需一个关键帧就可以将元件的所有内容都包括进来。每个元件实例都具有独立于该元件的属性,所以对元件实例单独进行属性修改如改变大小,改变颜色等不会影响其他的实例。

6.3.2 创建实例

用户一旦创建好元件,就可以在影片的任何地方或其他元件中创建该元件的实例。通常情况下,创建元件实例的步骤如下:

(1) 在【时间轴】控制面板中选择一个图层,并将某个关键帧设为当前帧。

(2) 打开【库】面板。可以通过【窗口】|【库】命令,或者按 Ctrl+L 快捷键将其打开,如图 6-8 所示。

(3) 将元件从【库】面板中拖到舞台上,这样就创建了该元件的实例。

(4) 如果创建的是包含了多帧的图形元件实例(图形元件中包含了多帧),且当前主时间轴的有效帧数少于图形元件的帧数,就应扩展主时间轴的帧,可以选择【插入】|【时间轴】|【帧】命令或者按 F5 键来添加一定数量的帧。

 Flash 只可以将实例放在关键帧中,并且总在当前图层上,如果没有选择关键帧,Flash 会将实例添加到当前帧左侧的第一个关键帧上。

6.4 实例属性的设置

本节介绍在 Flash 中如何改变实例的属性,如改变实例的类型及改变实例的显示效果。

每个元件实例都有独立于该元件的属性,可以更改实例的色调、透明度和亮度,可以重新定义实例的类型,用户只需要在实例属性面板中进行设置。首先选择该实例,然后在属性面板中选择相应的选项进行相应参数设置即可,如图 6-22 所示。

图 6-22　实例属性面板

6.4.1　改变实例的元件类型

要改变实例的元件类型,首先需要在舞台上选择实例,然后从【属性】面板中的【元件类型】下拉列表选项中选择需要修改的类型,这样就可以更改该实例的元件类型。

6.4.2　为实例指定新的元件

要为实例指定新的元件,可以在舞台上选择该实例,然后在【属性】面板中单击【交换】按钮,将打开如图 6-23 所示的【交换元件】对话框,双击元件列表中的其他任意元件,即可将当前实例的元件替换成列表中选择的元件。如果要复制选定的元件,可以单击【交换元件】对话框底部的【直接复制元件】按钮 。对实例指定不同的元件,原始实例所有的属性仍然保留。

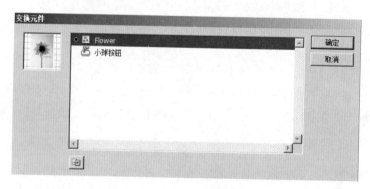

图 6-23　【交换元件】对话框

> **小知识**　如果制作的是几个具有细微差别的元件,那么可以通过复制元件,在库中现有元件的基础上建立一个新元件。

6.4.3　改变实例的颜色和透明度

每个元件都可以有自己的色彩效果,要设置实例的颜色和透明度等选项,可以在【属性】面板中对相应参数进行设置和更改。

要改变实例的颜色和透明度,首先要在舞台上选择该实例,然后在【属性】面板中的【颜色】下拉列表框中选择相应的选项,对需要修改的选项进行相应的参数设置即可。

【颜色】下拉列表框中的设置项目有无、亮度、色调、Alpha 和高级 5 个选项,其意义如下：

（1）无：表示不设置颜色效果。

（2）亮度：调节图像的相对亮度或暗度，度量范围为从黑到白，100％为纯白，－100％为纯黑。

（3）色调：用一种相同的颜色为实例着色。可以用色调块设置色调百分比，0％为完全透明，100％为完全饱和。要选择颜色，可以在下拉列表框中输入红、绿和蓝色值，或单击颜色框并从弹出的窗口中选择需要的颜色。

（4）Alpha：调节实例的透明度。设置为 0，实例将完全透明而不可见；设为 100％，表示完全不透明。

（5）高级：该选项用来分别调整实例的红、绿、蓝和透明度的值。在【属性】面板中单击【设置】按钮，将打开如图 6-24 所示的调整实例图像的【高级效果】对话框，即可在此对话框中进行颜色设置。

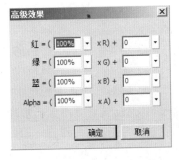

图 6-24 【高级效果】对话框

6.4.4 使用混合模式改变实例的显示效果

在 Flash 中，混合模式和 Photoshop 中的混合模式原理相似，都是通过两个图像的颜色通道混合叠加到一起从而产生某种特殊效果。在 Flash 中提供了图层、变暗、色彩增值、变亮、荧幕、叠加、强光、增加、减去、差异、反转、Alpha、擦除混合模式，但是混合模式只能应用在影片剪辑和按钮元件上。

首先在舞台上导入两张图片，将人物头像图片转换为影片剪辑元件，选中该影片剪辑元件，在【属性】面板中的【混合】选项列表中选择"差异"混合模式，此时可以看到混合前后的效果，如图 6-25 所示。

(a) 混合前效果 　　　　　　　(b) 混合后效果

图 6-25 混合前后效果

几种混合模式的功能如下：

（1）变暗：查看对象中的颜色信息，并选择基色或混合色中较暗的颜色作为结果色。比混合色亮的像素被替换，比混合色暗的像素保持不变。

（2）色彩增殖：将对象中的基色和混合色复合。结果色总是较暗的颜色。任何颜色与黑色复合产生黑色，任何颜色与白色复合保持不变。

（3）变亮：选择基色或混合色中较亮的颜色作为结果色。比混合色暗的像素被替换，比混合色亮的像素保持不变。

（4）荧幕：用基准颜色乘以混合颜色的反色，从而产生漂白效果。

（5）叠加：复合或过滤颜色，具体取决于基色。图案或颜色在现有像素上叠加，同时保留基色的明暗对比。

（6）强光：复合或过滤颜色，具体取决于混合色。如果混合色比 50％灰色亮，则图像变亮。

（7）增加：在基准颜色的基础上增加混合颜色。

（8）减去：从基准颜色中去除混合颜色。

（9）差异：从基准颜色中去除混合颜色或者从混合颜色中去除基准颜色。

（10）反转：反相显示基准颜色。

（11）Alpha：透明显示基准颜色。

（12）擦除：擦除影片剪辑中的颜色，显示下层的颜色。

6.4.5　分离实例

如果要断开实例与元件之间的链接，可以分离该实例。分离实例可以充分地改变实例而不影响其他任何实例。

要分离元件，首先要在舞台上选择要分离的实例，选择【修改】|【分离】命令或者按 Ctrl＋B 快捷键，这样就可以把实例分离成它的几个组合元素，如图 6-26 所示。

图 6-26　实例分离后的效果

6.5　库

本节介绍什么是库、库面板、公共库和共享库。

6.5.1　什么是库

库是每个 Flash 动画文件都有的，是用来存放动画创作中所创建或导入的媒体资源，存放元素包括元件、位图、声音以及视频文件等。利用库可以方便地查看和使用这些元素，库中的各个项目都可以通过文件进行组织和管理。

6.5.2　库面板

在 Flash 动画制作过程中，【库】面板是使用频率最高的面板之一。选择【窗口】|【库】命令，打开【库】面板，也可以通过按 F11 键或 Ctrl＋L 键打开【库】面板。【库】面板中包含"元件预览窗"、"排序按钮"以及"元件项目列表"，在面板底部还提供了方便的操作按钮，如图 6-27 所示。

默认情况下，在【库】面板中元件项目列表是按元件名称排列的，英文名与中文名同时存在时，英文在前，中文按其对应的字符码排列，这种排列方式很不利于元件的查找。当借用

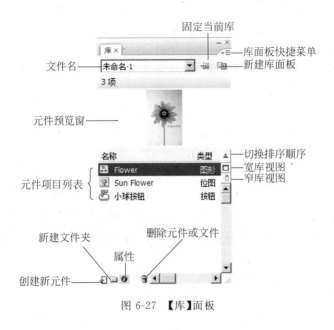

固定当前库

库面板快捷菜单

文件名——未命名-1

新建库面板

3项

元件预览窗——

切换排序顺序

名称 类型

宽库视图

元件项目列表 Flower 图形 窄库视图

Sun Flower 位图

小球按钮 按钮

新建文件夹 删除元件或文件

属性

创建新元件——

图 6-27 【库】面板

外部库中元件时,很可能元件名就和当前库中某个元件重名,这时选择该元件,直接在元件的名称处双击,输入新的名称就可以解决这个问题。

小知识 在【库】面板中不可避免会出现一些无用的元件,占据一定的空间,从而使源文件变大,这时可以通过选择【库面板快捷菜单】中的【选择未用项目】命令,将没用的元件删除,这样就可以使源文件缩小。

因为有的元件内还包含大量其他子元件,第一次显示的往往是母元件,母元件删除后,其他未用的子元件才会暴露出来,这时就需要重复几次这样的清理库操作。另外,该命令有时对一些多余的位图元件不起作用,所以在这样的情况下只能手工清除。

6.5.3 公用元件库

公用库实际上就是 Flash 提供的元件范例库,在进行 Flash 作品制作过程中,可以直接使用公用库里的元件。在 Flash CS3 中,提供了"学习交互"、"按钮"以及"类"3 种类型的公用库,每个公用库面板都包含几十个文件夹,里面包含了我们常用的元件,如图 6-28 所示。

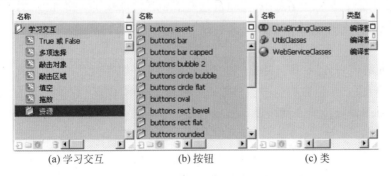

名称 名称 名称 类型

学习交互 button assets DataBindingClasses 编译剪

True 或 False buttons bar UtilsClasses 编译剪

多项选择 buttons bar capped WebServiceClasses 编译剪

敲击对象 buttons bubble 2

敲击区域 buttons circle bubble

填空 buttons circle flat

拖放 buttons oval

资源 buttons rect bevel

buttons rect flat

buttons rounded

(a) 学习交互 (b) 按钮 (c) 类

图 6-28 【公用库】的三类面板

【公用库】面板与我们熟悉的库面板完全一样,可以从该公用库中把元件拖入当前文档或【库】面板中,这样就大大节省了我们的工作时间,提高了工作效率。

当然除了直接使用【公用库】的元件外,也可以将自己制作的元件或收集到的素材放到【公用库】中,具体创建步骤如下:

(1) 打开 Flash 程序,新建一个空文档。

(2) 在舞台上绘制一个蓝色圆角矩形,将其转换为图形元件,并命名为"圆角矩形"。

(3) 保存当前 Flash 文件并命名为"圆角矩形",关闭当前文档。

(4) 将保存的圆角矩形文件移动到如下目录:"C:\Program Files\Adobe\Flash CS3\zh_cn\Configuration\Libraries\"即可。

(5) 打开【公用库】面板可以看到子菜单中出现了添加的"圆角矩形"公共库,如图 6-29 所示。

图 6-29　"圆角矩形"公用库

6.5.4　共享元件库

在 Flash 中,共享元件库是一个可以为任何 Flash 文档使用的库,其中的元件资源可以被多个 Flash 文档重复使用。使用共享库资源可以通过各种方式优化工作流程和文档资源的管理。

6.6　声音的应用

本节介绍如何在 Flash 中插入声音媒体,以及如何使用和编辑声音。

在 Flash 中,声音的添加起着画龙点睛的作用,我们可以为整部影片添加声音,也可以为单独的元件添加声音。声音可以来自外部文件,也可以使用共享库中的声音文件。导入后的声音文件,可以与时间轴保持同步,也可以独立于时间轴连续播放,并且还可以对声音文件的效果进行编辑,使动画在音效的配合下更具艺术表现力。

对声音的使用要注意以下几点:

(1) 声音的使用一般包括导入声音、添加声音、编辑声音和压缩声音。

(2) 在 Flash 中可以导入的声音文件格式有 WAV、MP3 和 AIFF。

(3) 建议将每个声音放在一个独立的层上,每个层都作为一个独立的声道。当然在 Flash 中,可以把多个声音放在一个层上,或放在包含其他对象的多个层上。播放 SWF 文件时,会混合所有层上的声音。

(4) Flash 的声音分为"事件声音"和"音频流"。事件声音必须完全下载后才能开始播放,如果没有停止命令,声音将会一直播放;音频流则在前几帧下载了足够的数据后就开始播放,通过和时间轴同步能在网站上顺畅播放。

6.6.1　声音的导入

要将声音文件应用到 Flash 中,首先要将声音文件导入 Flash 文档中。

选择【文件】|【导入】|【导入到库】命令，在弹出的对话框中选择所需的声音文件，即可将所选声音文件添加到【库】面板，如图 6-30 所示。

图 6-30 库中的声音文件

> **小知识** 将声音文件导入到 Flash 文档之后，将自动保存到【库】面板中，因此和使用元件一样，一个声音文件可以被反复使用多次。如果要在 Flash 文档之间共享声音，可以把声音包含在公用库中。

6.6.2 为影片添加声音

为影片添加声音，需要先导入所需声音文件，将导入的声音放置在单独的图层上，就可以实现声画并茂的影片。具体操作步骤如下：

（1）打开需要添加声音的 Flash 文档。

（2）选择【文件】|【导入】|【导入到库】命令，选择声音文件，将其导入声音到库中。

（3）在【图层】面板中单击【插入图层】按钮，新建一个图层用来放置声音文件，并将该图层命名为"声音"，如图 6-31 所示。

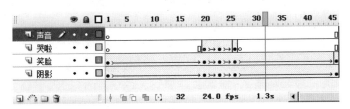

图 6-31 新建的声音图层

（4）选中声音层的第 1 帧，在【属性】面板中，从如图 6-32 所示的【声音】选项列表框中选择声音文件，或者直接从【库】面板中将选择声音文件拖入舞台中。

（5）在【属性】面板中，从【效果】选项下拉列表中选择声音的播放效果，如图 6-33 所示。

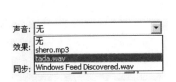

图 6-32 声音选项列表

图 6-33 效果选项列表

效果选项具体内容如下：

① 无：不对声音文件应用效果，用来删除以前应用的效果。

② 左声道：仅播放左声道的声音。

③ 右声道：仅播放右声道的声音。

④ 从左到右淡出：把声音从左声道切换到右声道，这时左声道的声音逐渐减小，而右声道的声音逐渐增大。

⑤ 从右到左淡出：把声音从右声道切换到左声道，这时右声道的声音逐渐减小，而左声道的声音逐渐增大。

⑥ 淡入：在声音播放过程中逐渐增大声音，选择该选项，声音在开始时没有，然后逐渐增大，当达到最大时保持不变。

⑦ 淡出：在声音播放过程中逐渐减小声音，选择该选项，在开始一段时间声音不变，随后声音逐渐减小。

⑧ 自定义：自定义声音效果，使用"编辑封套"创建自定义的声音淡入和淡出点。

（6）在【属性】面板中的【同步】下拉列表框中设置声音与时间轴的同步方式。

同步选项具体内容如下：

① 事件：声音的播放与时间轴无关，而是与某个事件同步发生。当动画播放到声音的开始关键帧时，声音就开始播放，它将独立于动画的时间轴播放，即使动画停止了声音也会自动播放完才停止。

② 开始：与事件方式相同，区别在于，如果声音正在播放，就要创建一个声音实例。

③ 停止：该选项使指定的声音为静音。

④ 数据流：使声音和时间轴同步，便于在 Web 站点上播放。Flash 强制动画和音频流同步，动画播放，声音就开始播放；动画停止，声音也马上停止。该方式适合用于 MTV 的制作等需要严格按照画面播放声音的场所。

（7）为【重复】输入一个值，以指定声音应循环的次数，或者选择【循环】以连续重复声音。要连续播放，请输入一个足够大的数，以便在扩展持续时间内播放声音，不建议循环音频流。如果将音频流设为循环播放，帧就会添加到文件中，文件的大小就会根据声音循环播放的次数而倍增。

（8）设置完毕后，通过 Ctrl＋Enter 快捷键快速测试影片声音混合效果。

> **小知识**　在对声音进行同步设置时，最好不要循环播放音频流。如果将声音设置为循环播放，文件的大小将会根据声音循环播放的次数而倍增。

例 6-5　为旋转立方体动画添加声音。

（1）打开已经制作好的旋转立方体 Flash 动画文档。

（2）选择【文件】|【导入】|【导入到库】命令，如图 6-34 所示，将外部声音导入到当前影片文档的【库】面板中。

（3）在【导入到库】对话框中，选择要导入的声音文件，然后单击【打开】按钮，将声音导入到【库】面板中。当导入声音操作完成后，就可以在【库】面板中看到刚才导入的声音，声音对象就可以像其他元件一样使用了。

（4）新建一个图层并命名为"声音"，选择这个图层的第 1 帧，将声音对象拖动到舞台中，或者在【属性】面板中的【声音】列表中选择声音对象。

（5）在【同步】选项中选择"数据流"，【重复】设置为 1。这样就为旋转立方体动画添加了一段美妙的声音，如图 6-35 所示。

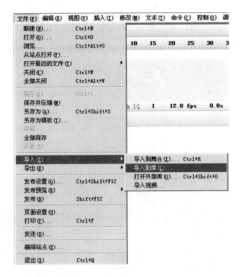

图 6-34 为动画导入声音

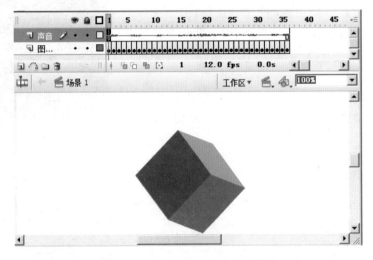

图 6-35 为动画添加声音最终效果

6.6.3 为按钮添加声音

（1）选择舞台上的按钮，双击按钮进入编辑环境，或从【库】面板中选择按钮，从面板右上角的选项菜单中选择【编辑】命令。

（2）在【时间轴】面板中新建一个图层用来放置声音，如图 6-36 所示。

（3）选中声音层，为要添加音效的按钮状态创建关键帧，如在"指针经过"帧下插入一个关键帧。

（4）单击状态帧下的关键帧，在【属性】面板中，从【声音】选项中选择声音文件；从【效果】选项中选择声音效果；从【同步】下拉列表中选择"事件"。

（5）这样就为按钮添加好了声音，如图 6-37 所示。返回到场景中，测试该按钮的效果。

图 6-36　按钮的声音层

图 6-37　为按钮添加声音最终效果

> **小知识**　要想将不同的声音和按钮的每个关键帧关联在一起,就给每个状态帧创建一个空白关键帧,然后给每个关键帧添加声音文件,也可以使用同一个声音文件,然后为按钮的每一个关键帧应用不同的声音效果。

例 6-6　为按钮添加声音。

(1) 选择【文件】|【导入】|【导入到库】命令,在【导入到库】对话框中,选择要导入的两个声音文件,然后单击【打开】按钮,将声音导入到【库】面板中。

(2) 选中"指针经过"帧,将其中一个声音对象拖动到舞台中,或者在【属性】面板中的【声音】列表中选择一个声音对象。使用同样的方法,选中"按下"帧,为该状态添加声音对象,如图 6-38 所示,这样就制作了一个声效按钮。

(3) 返回到主场景中,将按钮元件拖动到舞台中合适位置,通过 Ctrl＋Enter 快捷键快速测试声效按钮。

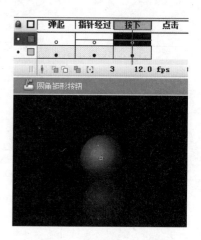

图 6-38　声效按钮最终效果

6.6.4　编辑声音

在 Flash 中可以对已经选择的某种声音效果进行编辑,如果没有选择任何声音效果,也可以直接单击【编辑】按钮进行声音效果的编辑。

(1) 选择声音图层中有声音的帧。

(2) 在【属性】面板中单击【编辑】按钮,弹出【编辑封套】对话框,如图 6-39 所示。通过在【编辑封套】中的操作来完成音效的编辑。

【编辑封套】是编辑音效的重要角色,其对话框分为上下两部分,上面是左声道编辑窗口,下面是右声道编辑窗口。

在【编辑封套】对话框中可选择如下操作:

① 拖动时间轴开始点,声音将从所拖到的地方开始播放,同样拖动结束点可以设置声音的结束点,从而实现改变声音的开始和结束。

② 在编辑窗口中,可以拖动控制柄来改变声音在播放时的音量高低,同时可以单击封套线来创建控制柄(最多能增加 8 个),要删除控制柄,将其拖出窗口即可。

③ 单击【放大】或【缩小】按钮,可以改变窗口中显示声音的多少。

④ 单击【秒】和【帧】按钮,在秒和帧之间切换时间单位。

⑤ 当编辑好声音后可单击【播放】按钮,试听音效。

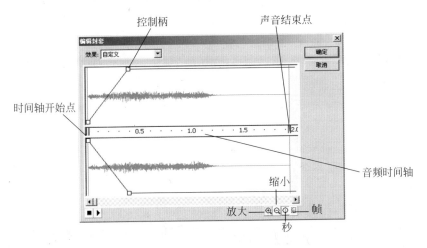

图 6-39　【编辑封套】对话框

6.6.5　压缩声音

在 Flash 中导入的声音会使得文件相应地增大,所以需要采用压缩声音文件来尽可能地减小文件大小的同时又使动画的声音质量不受影响。

对声音的压缩在声音的【属性】面板中进行设置,可以在【库】面板中双击声音图标,即可打开【声音属性】对话框,如图 6-40 所示。压缩步骤如下:

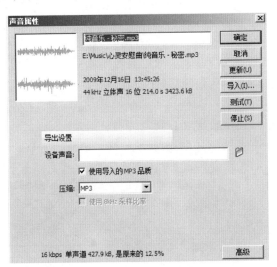

图 6-40　【声音属性】对话框

(1) 在【声音属性】对话框中,从【压缩】下拉列表中选择"MP3"。

(2) 如果要导出一个以 MP3 格式导入的文件,导出时可以使用该文件导入时的相同设置,可以选择"使用导入的 MP3 品质"(默认设置)。如果取消选择此选项,则可以选择其他 MP3 压缩设置。

Flash 文档声音导出准则如下:

① 导出较短的事件声音时,使用 ADPCM 设置;当导出像乐曲这样较长的音频流时,

使用"MP3"选项,通过"MP3"压缩选项可以用 MP3 压缩格式导出声音;"原始"压缩选项在导出声音时不进行压缩;"语音"压缩选项使用一个适合于语音的压缩方式导出声音。

② 如果要导出一个以 MP3 格式导入的文件,导出时可以使用该文件导入时的相同设置。

③ 声音的压缩倍数越大,采样比率越低,声音文件就越小,声音品质也就越差。应当通过实验找到声音品质和文件大小的最佳平衡。对于语音来说,5kHz 是最低的可接受标准。对于音乐短片段,11kHz 是最低的建议声音品质,而这只是标准 CD 比率的 1/4。

④ 除了采样比率和压缩外,还可以使用下面几种方法在文档中有效地使用声音并保持较小的文件大小:

- 设置切入和切出点,避免静音区域保存在 Flash 文件中,从而减小声音文件的大小。
- 通过在不同的关键帧上应用不同的声音效果(例如音量封套,循环播放和切入/切出点),从同一声音中获得更多的变化。只需一个声音文件就可以得到许多声音效果。
- 循环播放短声音作为背景音乐。
- 不要将音频流设置为循环播放。
- 从嵌入的视频剪辑中导出音频时,请记住音频是使用【发布设置】对话框中所选的全局流设置来导出的。
- 当在编辑器中预览动画时,使用流同步使动画和音轨保持同步。如果计算机不够快,绘制动画帧的速度跟不上音轨,那么 Flash 就会跳过帧。

(3) 选择一个"比特率"选项,以确定导出的声音文件中每秒播放的位数。Flash 支持 8Kbps 到 160Kbps。当导出音乐时,需要将比特率设为 16Kbps 或更高,以获得最佳效果。

(4) 对于【预处理】应选择"转换立体声成单声",将混合立体声转换为非立体声。【预处理】选项只有在选择的比特率为 20Kbps 或更高时才可用(单声不受此选项影响)。

(5) 对于【品质】应可以选择"快速"、"中"或"最佳",从而确定压缩速度和声音品质。

品质选项内容如下:

① "快速"选项的压缩速度较快,但声音品质较低。

② "中"选项的压缩速度较慢,但声音品质较高。

③ "最佳"选项的压缩速度最慢,但声音品质最高。

(6) 单击【测试】按钮,可以播放当前编辑的声音,如果觉得满意,就可以单击【确定】按钮进行保存。

例 6-7　制作声效表情按钮。

(1) 打开已有的 Flash 动画文档。

(2) 新建 3 个空白图形元件,分别命名为"开心"、"惊讶"和"害羞"。

(3) 在相应的图形元件编辑环境中,分别绘制如图 6-41 所示的表情图像。

(4) 返回到【场景 1】中,新建一个空白按钮元件,命名为"声效表情按钮"。

(5) 在按钮元件编辑环境中,为"弹起"、"指针经过"和"按下"帧添加空白关键帧,在【库】面板中将开心、惊讶和害羞图形元件拖入并放置在舞台中心位置,将害羞元件向右和向下分别移动 4 个位置。

图 6-41　3 种表情图像

（6）在按钮元件编辑环境下，新建一个图层并命名为"声音"。

（7）选择【导入】命令，从外部导入两个声效文件到库中。

（8）分别将导入的两个声效文件添加到"指针经过"和"按下"状态帧下。

（9）新建一个影片剪辑元件并命名为"闪动的按钮"。

（10）在影片剪辑元件编辑环境中，选中第1帧，将"声效表情按钮"元件拖动到舞台中心位置，并在第15帧和第30帧的位置插入关键帧，并按如图6-42所示创建补间动画。

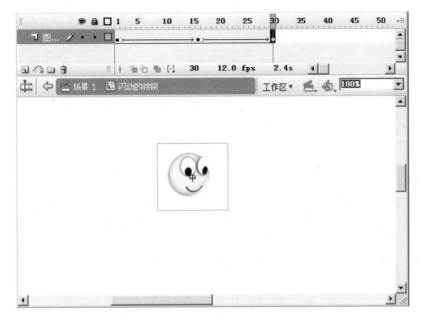

图6-42 影片剪辑补间动画设置

（11）在第15帧选中舞台中的按钮，在【属性】面板中的【颜色】下拉列表中选择Alpha，并设置参数为0%。

（12）返回到【场景1】中，将影片剪辑元件拖入到舞台中并放置在适当位置，如图6-43所示。按Ctrl＋Enter快捷键快速测试按钮声效效果。

图6-43 声效表情按钮最终效果

第7章

Flash交互动画的制作

通过本章的学习,读者掌握如何利用动作脚本来创建 Flash 动画,为以后制作复杂的交互动画打下基础。

Flash 交互动画分为两大类。一类是简单交互动画,即利用 Flash 内置的语句或者函数来创建交互动画。例如,通过在按钮上添加动作脚本来实现对动画播放的控制,通过在帧上添加按钮来实现鼠标特效,通过在影片剪辑上添加动作来实现对影片剪辑相关属性的设置。另一类是复杂的交互动画,即利用程序设计的方法创建较复杂的交互动画。例如,通过条件判断结构制作简单计算器,通过循环结构制作烟花动画。

核 心 概 念

动作脚本、事件、变量、数据类型、对象、属性、方法

学 习 建 议

(1) 学习制作交互动画所需的基础知识。
(2) 学习并理解相应章节的实例,掌握该实例的制作过程并能模仿实现。
(3) 结合"小知识"的内容,巩固所学知识并有所拓展。

7.1 制作简单交互动画

本节介绍如何通过为 Flash 中的按钮、关键帧和影片剪辑添加动作脚本来创建简单的交互动画。

动作脚本就是用来控制 Flash 影片对象的程序语句,即能在播放 swf 文件时指示 swf 文件执行某些任务的语句。

动作脚本能使动画具备强大的交互功能,提高动画与用户之间的交互性,能使用户对动画的控制得到加强。使用动作脚本后,可以使 Flash 实现一些特殊的功能,例如对动画的播放和停止进行操作、控制动画中的声音播放、指定鼠标的动作、实现网页的链接、制作精美的游戏等。简而言之,动作脚本是 Flash 强大交互功能的核心。

Flash 动作脚本与其他计算机编程语言一样,也遵循一套语法规则,有自己的保留关键

字,提供了运算符,能够使用变量存储数据,还允许创建自定义的函数和对象。同时 Flash
动作脚本具有自己的特点,主要在 3 个地方添加动作脚本:帧、按钮、影片剪辑。

　　在帧上添加的动作脚本,当播放到该帧的位置时,就会执行该帧中的脚本;在按钮或影
片剪辑上添加的动作,只有当相应的事件发生时才会执行。

　　事件是 Flash 影片播放时能引发某些动作执行的信号。例如单击按钮或者影片剪辑、
按下回车键、加载影片剪辑、播放头到达某个帧,都会产生特定的事件,从而发出执行某个动
作的信号。Flash 中主要有 3 类事件:帧事件、按钮事件和影片剪辑事件。

7.1.1　为按钮添加动作脚本

　　将动作脚本分配给按钮是交互动画中经常使用的交互方法。当按钮被写入动作脚本后
可以控制影片时间轴的播放、影片剪辑的相关属性以及其他交互功能。给按钮分配动作脚
本之前,首先要生成按钮元件的实例,然后为按钮指定一个事件,最后为事件编写动作脚本
来响应指定的事件。

　　为按钮添加动作一般有以下语法结构:on(mouseEvent){statement;}。其中
mouseEvent 和 statement 分别代表“按钮的事件”和该事件触发后要“执行的脚本语句”。
当小括号中的事件被触发时,大括号中的动作脚本就会被执行。

　　为按钮添加动作脚本后才能控制动画的播放,即对动画时间轴的控制。

　　例 7-1　用按钮控制动画的播放。

　　(1) 新建 Flash 文档(选择 ActionScript 2.0)做一个类似 4.3 节的圆形变方块的形状渐
变动画。

小知识　因为我们这里使用的是 ActionScript 2.0 的语法,所以必须新建对应类型
的 Flash 文档,否则会出错,后面的例子如果没有特殊说明都是 ActionScript
2.0 的 Flash 文档。

---

　　(2) 制作两个按钮元件 Play 和 Stop 并新建“按钮”图层,然后将两个按钮元件拖入该图
层的第 1 帧创建两个按钮的实例,如图 7-1 所示。

　　(3) 选中舞台上的 Play 按钮,执行【窗口】|【动作】命令,打开【动作】面板,然后在面板
中输入:on(press){play();},如图 7-2 所示。

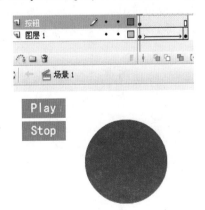

图 7-1　创建按钮实例

图 7-2　为按钮添加动作脚本

（4）选中舞台上的 Stop 按钮，执行【窗口】|【动作】命令，打开【动作】面板，然后在面板中输入：on(press){stop();}，按 Ctrl＋Enter 快捷键测试影片。

> **小知识**　on(press){stop();}该如何理解：按钮的动作脚本都是用"on(){}"开始的，小括号中是为按钮实例指定的事件选项，而大括号中则是响应该事件的动作脚本。因此该语句可以理解为：当按钮的"press"事件发生时，执行大括号中的语句"stop();"。其中"press"是按钮内置事件"鼠标按下"，"stop();"是内置的时间轴控制函数，其功能是停止时间头的播放。分号则是一个语句结束的标志。

按钮有 20 多个事件供选择，常用的有以下 8 种。

① press：鼠标按下时引发动作。

② release：鼠标释放时引发动作。

③ releaseOutside：鼠标在按钮热区外放开时引发动作。

④ rollOver：鼠标滑过按钮热区时引发动作。

⑤ rollOut：鼠标滑出按钮热区时引发动作。

⑥ dragOver：鼠标在热区内按下并不释放，然后拖过热区时引发动作。

⑦ dragOut：鼠标在热区内按下并不释放，然后拖出热区时引发动作。

⑧ keyPress：按下指定的键时引发动作。

除了例 7-1 中的"play()"和"stop()"外，还有以下常用的控制时间轴播放的语句：

① gotoAndPlay(n)：播放头移动到第 n 帧并开始播放。

② gotoAndStop(n)：播放头移动到第 n 帧并停止播放。

③ nextFrame()：播放头向后移动一帧并停止播放。

④ prevFrame()：播放头向前移动一帧并停止播放。

【动作】面板主要用来创建和编辑对象或帧的动作。选择帧、按钮实例或者影片剪辑实例后，【动作】面板的标题也会相应变为"动作-帧"、"动作-按钮"和"动作-影片剪辑"。如图 7-2 所示就是选择按钮实例后对应的动作面板标题。【动作】面板主要由两部分组成：

① 右侧部分是脚本显示窗口，用来输入代码，显示动作脚本。

② 左侧部分又可分为两个部分：上半部分是一个动作工具箱，提供动作所需的各种代码。双击其中的语句或属性，对应代码将会添加至面板右侧窗口；下半部分显示当前选择的对象。

为按钮添加动作脚本后不仅能控制动画的播放，而且还可以控制影片剪辑的相关属性。

例 7-2　用按钮控制影片剪辑。

（1）新建 Flash 文档，制作"马跑"的影片剪辑元件，然后更名"图层 1"为"影片剪辑"并在第 1 帧拖入"马跑"的实例到舞台，在【属性】面板中为该实例命名为"horse"，如图 7-3 所示。

图 7-3　为影片剪辑实例命名

（2）新建"按钮"图层，在第1帧放置4个按钮，如图7-4所示。

图7-4 放置按钮

（3）在打开的【动作】面板中选中各个按钮并添加对应脚本。左移：on（press）{horse._x＝horse._x－10;};右移：将左移的代码中的"－"号改为"＋"号；缩小：on（press）{horse._xscale＝horse._xscale * 0.5;horse._yscale＝horse._yscale * 0.5;};放大：将缩小的代码中的"0.5"改为"2"。

小知识　　"_x"、"_xscale"和"_yscale"都是影片剪辑的属性，分别代表该影片剪辑的 x 坐标（单位像素）、x 方向的缩放值和 y 方向的缩放值。

"horse"就是此前为影片剪辑实例取的名称。

"."这个点称为"点语法"，用于指示影片剪辑的属性或方法。点的左侧是影片剪辑的名称，右侧是要指定的元素。

"＝"不同于数学中的等号，而是程序设计语言中的赋值符号。其作用是把"＝"右侧的值赋给左侧的对象。例如"horse._x ＝ horse._x－10"表示将"horse"影片剪辑的 x 坐标值减去 10，然后再赋值给"horse"影片剪辑的 x 坐标作为最新的坐标。

（4）制作完毕后，按 Ctrl＋Enter 快捷键进行测试。

常用影片剪辑的属性如表7-1所示。

表7-1 常用影片剪辑的属性

属　　性	说　　明
_alpha	透明度值
_rotation	相对于原始方向的旋转度数（单位度）
_visible	可视性
_currentframe	影片剪辑中播放头位于的帧号
_width	宽度（单位像素）
_height	高度（单位像素）

续表

属　　性	说　　明
_x	x 坐标（相对于父级影片剪辑）
_y	y 坐标（相对于父级影片剪辑）
_xscale	从注册点开始的水平缩放比例
_yscale	从注册点开始的垂直缩放比例

7.1.2　为关键帧添加动作脚本

将动作脚本分配给帧,除了能实现按钮的很多交互功能外,还能在更大的区域定义变量并统一编写脚本优化管理。给按钮分配动作脚本之前,先要确定该帧为关键帧或者空白关键帧,然后选中该帧,打开【动作】面板并为其添加动作脚本。

当播放头播放到写有动作脚本的帧时,该帧的动作脚本则会执行。

例 7-3　为关键帧添加动作。

(1) 新建 Flash 文档,设置背景色为黑色并绘制一个放射状渐变的圆(由不透明的红色到透明的红色),如图 7-5 所示。

(2) 选中该圆形,按 F8 键将其转换为影片剪辑,然后双击该影片剪辑实例进入编辑状态,复制第 1 帧内容到第 2 帧。选中第 2 帧的圆,按 F8 键将其转换为图形元件,在第 15 帧插入关键帧并更改该帧圆的相关属性(如上移、缩小和透明),最后创建第 2 帧到第 15 帧的动作补间动画,如图 7-6 所示。

图 7-5　绘制渐变圆

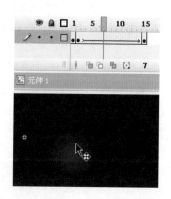

图 7-6　制作影片剪辑内部的动画

(3) 选中第 1 帧的圆形,按 F8 键将其转换为按钮元件,并双击进入按钮内部将"弹起"帧内容剪切到"点击"帧,制作透明的按钮元件,如图 7-7 所示。

(4) 返回到"元件 1"的编辑界面,选中第 1 帧,在打开的【动作】面板中输入"stop();",如图 7-8 所示。

> **小知识**　添加代码后的帧上有个黑色的"a"。按住 Alt 键同时双击帧可以快速打开帧对应的【动作】面板。

图 7-7 制作透明按钮

图 7-8 为帧添加动作脚本

（5）单击第1帧的【透明】按钮，在打开的【动作】面板中输入"on(rollOver){play();}"。

（6）返回到【场景1】，将舞台上的影片剪辑复制多个并随意设置大小和色调，最后测试影片，如图7-9所示。

图 7-9 鼠标滑过效果

帧上脚本与按钮上脚本的区别与联系：

① 最大的区别在于各自的脚本触发条件不一样。帧上脚本的触发条件只有一个，即播放头经过该帧，按钮则有多种事件来触发。

② 两者的联系在于各自触发后执行的代码是可以通用的。例如要实现播放停止，可以在帧上加"stop();"，也可以在按钮上加"stop();"。

前面提到的帧脚本能实现按钮的很多功能，主要利用的就是按钮的对象模式与事件模式之间的转换。对象模式就是前面为按钮添加脚本的语法结构，即"on(mouseEvent){statement;}"，而按钮的事件模式则是"obj. onEvent＝function(){statement;}"的语法结构。其中"obj"为对象的名称，可以是按钮或者影片剪辑等，"onEvent"是该对象的事件名（例如按钮有个事件名叫做 onPress），"statement"是该事件触发后执行的动作脚本。

例 7-4 将按钮脚本转换为帧脚本。

（1）打开"实例2"的源文件并为4个按钮分别命名为"left_btn"、"right_btn"、"small_btn"和"big_btn"。

> **小知识**　为按钮命名时最后写上"_btn",则输入代码会有该对象对应的代码提示。如输入"left_btn",然后按下"."点号时就会出现对应代码提示,通过鼠标或者键盘光标键可以实现代码快速输入。影片剪辑最后写"_mc",文本为"_txt"。

（2）新建 action 图层并在第 1 帧添加如图 7-10 所示的脚本,即将"on(mouseEvent){statement;}"语法结构转换为"obj.onEvent=function(){statement;}"语法结构,两者的执行语句"statement"是相同的,只需将原来按钮上的脚本剪切至帧即可。在按钮的事件模式中我们使用的事件是"onPress",即当按钮被按下时。

（3）完成脚本的转换,测试影片,效果与原来的实例 2 相同。

在 Flash 的脚本编写中,需要灵活使用脚本编辑的对象模式和事件模式。例如在大型的 Flash 脚本编写中,为了统一管理脚本则应该选用事件模式将脚本统一写在帧上。如果需要对两种模式进行转换,可以参考表 7-2 所示。

图 7-10　按钮脚本转换为帧脚本

表 7-2　脚本编辑的对象模式和事件模式

对象模式	事件模式	说　明
on(press)	onPress	鼠标在按钮上按下
on(release)	onRelease	鼠标在按钮上释放
on(releaseOutside)	onReleaseOutside	鼠标在按钮外部释放
on(rollOver)	onRollOver	鼠标滑入按钮
on(rollOut)	onRollOut	鼠标滑出按钮
on(dragOver)	onDragOver	鼠标在按钮外按下并拖动至按钮上
on(dragOut)	onDragOut	鼠标在按钮上按下并拖动至按钮外
on(keyPress"…")	onKeyDown\onKeyUp	按下键盘按键

7.1.3　为影片剪辑添加动作脚本

动作脚本不仅可以分配给按钮和帧,还可以分配给影片剪辑。影片剪辑上的动作脚本跟按钮上的动作很类似,也是先要生成影片剪辑元件的实例,然后为该实例指定一个事件,最后为事件编写动作脚本来响应指定的事件。

为影片剪辑添加动作一般有以下语法结构:

```
on(movieClipEvent){statement;}
```

其中 movieClipEvent 和 statement 分别代表"影片剪辑的事件"和该事件触发后要执行的脚本语句。当小括号中的事件被触发时,大括号中的动作脚本就会被执行。

例 7-5　为影片剪辑添加动作脚本。

（1）新建 Flash 文档,新建"旋转背景"图层并在第 1 帧绘制一个如图 7-11 所示的色彩相间的圆形,然后将该圆形转换为影片剪辑。

(2)选中影片剪辑,在打开的【动作】面板中输入脚本"onClipEvent(load){_width＝1000;_height＝1000;_x＝50;_y＝50;}onClipEvent(enterFrame){_rotation＝_rotation＋2;}"。"load"是影片剪辑的一个事件,当影片剪辑被实例化并显示在时间轴上时调用大括号内的语句(设置其宽高和坐标);"enterFrame"也是影片剪辑的一个事件,会以 SWF 文件的帧频重复执行大括号内的语句(不断增加影片剪辑的旋转角度)。

(3)新建"文字"图层,在该图层写上一些文字,然后测试影片,如图 7-12 所示。

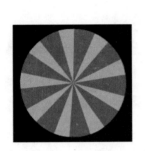

图 7-11 色彩相间的圆

图 7-12 旋转效果

影片剪辑脚本与按钮类似,也有对象模式和事件模式。可以将代码写入影片剪辑,也可以转换为事件模式写在帧上。如果需要对两种模式进行转换,可以参考表 7-3。

表 7-3 影片剪辑脚本的对象模式和事件模式

对 象 模 式	事 件 模 式	说　　明
onClipEvent(load)	onLoad	影片剪辑被实例化并显示在时间轴上时调用
onClipEvent(unload)	onUnload	从时间轴删除影片剪辑后,在第 1 帧中调用
onClipEvent(enterFrame)	onEnterFrame	以 SWF 文件的帧频重复调用
onClipEvent(mouseDown)	onMouseDown	当按下鼠标按键时调用
onClipEvent(mouseUp)	onMouseUp	当鼠标松开时调用
onClipEvent(mouseMove)	onMouseMove	当鼠标移动时调用

7.1.4 简单交互动画综合实例——放大镜

(1)新建 Flash 文档,新建"原图"图层,在第 1 帧将一张与 Flash 文档大小一致的图片导入到舞台并居中对齐。

(2)新建"放大后的图"图层,将之前导入的图片转换为影片剪辑"背景图"并拖入该图层第1帧,注意影片剪辑的注册点为左上角。

> **小知识** 元件的注册点可以理解为该元件的坐标原点,因为以后元件坐标的运算或者移动都与注册点有关,如果只想让元件向右下缩放,则应设置它的左上角为注册点。

(3)新建"放大镜遮罩"图层,创建影片剪辑"圆形"并拖入第 1 帧。注意"圆形"注册点在圆心。

（4）新建"放大镜"图层，创建影片剪辑"放大镜"并拖入第 1 帧，并在【属性】面板中将其命名为"zoom"，如图 7-13 所示。注意放大镜圆形区域是白色透明到白色不透明的放射渐变。确定"放大镜"的玻璃部分与上一步的"圆形"大小一致且"放大镜"的注册中心在圆心。

（5）新建 action 图层，在第 1 帧上写入代码"var beishu＝2；Mouse.hide（）；"。"var beishu"表示定义一个变量名为"beishu"的变量并赋值为 2；"Mouse.hide（）"表示将鼠标隐藏。所有素材准备完毕的舞台和时间轴效果如图 7-14 所示。

图 7-13　创建放大镜影片剪辑

图 7-14　时间轴和舞台效果

（6）选中舞台上的"圆形"影片剪辑实例并添加脚本"onClipEvent（enterFrame）{_x＝_root.zoom._x；_y＝_root.zoom._y；}"。代码实现"圆形"影片剪辑坐标与主时间轴上的"zoom"的坐标同步变化。

（7）选中舞台上的"放大镜"影片剪辑实例并添加脚本"onClipEvent（load）{startDrag（this，true）；}"。"startDrag（this，true）"使用了拖动函数 startDrag。

> **小知识**　startDrag()函数使目标影片剪辑可拖动，一次只能拖动一个。它有 3 种形式：
> - startDrag(target)："target"为影片剪辑名称。
> - startDrag(target,true)：加一个参数"true"表示拖动影片剪辑时，将影片剪辑的注册点与鼠标的坐标重合。
> - startDrag(target,true,left,top,right,bottom)：后面 4 个参数限定了拖动的最大左边界、上边界、右边界和下边界。

（8）选中舞台上的"背景图"影片剪辑实例并添加脚本"onClipEvent（load）{_xscale＝_root.beishu＊100；_yscale＝_root.beishu＊100；}onClipEvent（enterFrame）{_x＝_root.zoom._x—_root.zoom._x＊_root.beishu；_y＝_root.zoom._y—_root.zoom._y＊_root.

beishu;}"。第一段代码表示当"背景图"被显示时它会缩放为原来的两（之前我们赋值为 2）倍；第二段代码实现根据"放大镜"的位置将放大后的"背景图"坐标进行相应的调整。

（9）最后将"放大镜遮罩"图层设置为遮罩层，将"放大后的图"设置为被遮罩层。测试影片效果如图 7-15 所示。

图 7-15　放大镜最终效果

7.2　制作复杂交互动画

本节介绍如何利用程序设计中的几种基本结构（如条件判断结构、循环结构）来创建较复杂的 Flash 交互动画。

7.2.1　动作脚本基本语法

1．什么是常量、标识符和表达式

常量是不变的元素。例如数字 10、字符串"张三"、逻辑值 true 等；还有些常量是系统常量，如 Key. TAB，它表示键盘上的 Tab 键。

标识符用于表示变量、属性、对象、函数或方法的名称。标识符的构成如下：

（1）由英文字母、阿拉伯数字、下划线、美元标记 $ 组成。

（2）第一个字符必须是字母、下划线、美元标记 $ 。

（3）标识符中不能包含空格。

（4）标识符不能使用关键字。关键字是有特殊含义的保留字，如 var 是声明本地变量的关键字，不能用作标识符。

（5）标识符区分大小写。

表达式是由运算符和操作数组成的任意合法组合。运算符是通过值的计算而产生新值的符号。如加法运算符"＋"可以将两个值相加产生一个新值。被运算符处理的值称为操作数。如在表达式"x＋5"中，"x"和"5"是操作数，而"＋"是运算符。

2. 什么是变量

变量是用来存放某种类型数值的内存单元,在脚本中用标志符表示。变量类似于包含信息的容器,容器本身始终不变,但内容可以改变。

关于变量有以下说明:

1) 声明变量

(1) 声明变量使用 var 关键字,包含两方面内容:给变量起名字和定义变量类型。变量名称必须是标识符。虽然 Flash 中不声明变量也可以使用变量,但是先声明一下比较规范。例如,var myNum;功能为声明一个叫"myNum"的变量。

(2) 在声明变量的同时可以为变量赋值,即变量初始化。例如,var myNum=10;功能为声明一个叫"myNum"的变量并赋值为 10。

2) 变量的范围

(1) 本地变量:在声明它们的函数体内可用。本地变量的使用范围仅限于声明变量的代码块(大括号内)。

(2) 时间轴变量:可用于该时间轴上的任何脚本。注意当脚本访问时间轴变量时,要确保之前已经声明了该变量。例如将代码"var x=10"放在第 20 帧,则第 20 帧之前的任何帧上的脚本都无法访问变量"x"。

(3) 全局变量:对于 swf 文档的每个时间轴和范围均可用。创建全局变量,要在变量名称前加"_global."标识符,并且不使用"var"。例如,"_global.myNum=5";功能为初始化一个全局变量"myNum."并赋值为 5。

3. 什么是数据类型

数据类型用来描述变量或动作脚本元素所包含的信息的种类。系统内置了两种数据类型:原始数据类型和引用数据类型。原始数据类型指字符串、数字和布尔值;引用数据类型指影片剪辑和对象。

用户定义的数据类型有如下几种:

(1) 字符串类型:是用单引号或双引号括起来的字符序列,如"love"。可以用加法运算符"+"连接两个字符串。

(2) 数字类型:包括整数和浮点数。整数如 3、0、−3;浮点数含有小数部分如 3.54。

(3) 布尔类型:又称逻辑类型,用于逻辑运算。布尔类型的数据只有两种取值:true(逻辑真)和 false(逻辑假)。

(4) 对象类型:对象是属性的集合,每个属性都有名称和值。属性的值可以是任何数据类型,甚至是对象类型。用"对象名.属性名"指定对象的属性。

(5) 影片剪辑类型:是 Flash 应用程序中可以播放动画的元件。它们是唯一引用图形元素的数据类型。影片剪辑类型的数据可以使用影片剪辑类的方法来控制影片剪辑相关属性。

4. 什么是对象、属性和方法

在 Flash 脚本中,对象是属性和方法的集合。每个对象都有各自的名称,并且都是特定类的实例。对象可以是影片剪辑实例、按钮、图像、组件、表单等。有一类对象称为内置对象，是系统在动作脚本语言中预先定义的。例如内置的 Date 对象，它提供了系统时钟的信息。

使用对象时，先要将对象实例化，也就是指定某个对象，大多数对象只有实例化后才能使用。实例化对象用 new 操作符。语法为"实例名称＝new 对象名（）"；例如，myDate＝new Date()；功能为实例化一个 Date 对象。

属性是用于描述和定义对象的特性。例如，"_width"是定义影片剪辑的宽度这个属性。每个对象会有多个属性，不同对象有不同的属性集合。

定义和修改属性可以控制对象的外观和位置。语法为"实例名称.属性名＝属性值"；例如，myClip_mc._width＝100；功能设置影片剪辑 myClip_mc 的宽度为 100 像素。

方法是与类关联的函数，用于描述对象的特定功能。语法为"实例名称.方法名（参数表）"；例如 myClip_mc.play()；功能为影片剪辑 myClip_mc 内部开始播放。

动作脚本虽然不是严格的一种程序语言，但是它也有与程序语言类似的一些基本语法。例如，用一对大括号"{ }"来形成一个程序块，用分号";"来表示一个语句的结束，用一对小括号"()"来包含参数，用两个斜杠"//"来写单行注释，用"/*"和"*/"来创建注释块。

动作脚本语法中有一种重要且经常使用的语法叫"点语法"。点"."用于指示与对象或影片剪辑相关的属性或方法，还用于标识影片剪辑、变量、函数或者对象的目标路径。点的左侧是对象或影片剪辑的名称，点的右侧是指定的元素。例如，"_x"是影片剪辑的 x 坐标属性。表达式"cat._x"就引用了名为"cat"的影片剪辑的 x 坐标。

另外，在用程序控制影片剪辑等对象时会用到该对象的目标路径。目标路径是 swf 文件中影片剪辑实例名称、变量和对象的分层结构地址。可以有两种方式确定其位置：绝对路径（用"_root"关键字）和相对路径（用"_parent"或"this"关键字）。

下面以例 7-6 说明动作脚本的基本语法。

例 7-6　数字时钟的制作。

(1) 新建 Flash 文档，修改帧频为 2fps。

(2) 在"图层 1"添加 3 个动态文本并从左到右依次命名为 ht、mt 和 st。然后用圆点将其隔开并在第 2 帧插入关键帧。设置动态文本如图 7-16 所示。

(3) 新建"图层 2"，在第 1 帧上写入代码：

```
var now = new Date();          //建立 Date 对象的实例 now
var h = now.getHours();        //用 Date 类的 getHours 方法获得系统时间的小时数
var m = now.getMinutes();      //用 Date 类的 getMinutes 方法获得系统时间的分钟数
var s = now.getSeconds();      //用 Date 类的 getSeconds 方法获得系统时间的秒数
ht = h;mt = m;st = s;          //将系统时间的小时数、分钟数和秒数分别赋给 ht、mt 和 st
```

(4) 测试影片。3 个动态文本动态显示系统当前时间，如图 7-17 所示。

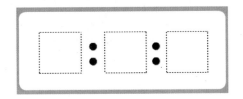

图 7-16　设置动态文本　　　　　　　图 7-17　数字时钟

"＝"是赋值运算符的一种。运算符的左边是变量名、对象的属性名或方法名,运算符的右边可以是常量、变量和表达式。赋值运算符如表 7-4 所示。

表 7-4   赋值运算符

运算符	执行的运算	运算符	执行的运算
＝	赋值	＊＝	相乘并赋值,相当于 x＝x＊y
＋＝	相加并赋值,相当于 x＝x＋y	％＝	求模并赋值,相当于 x＝x％y
－＝	相减并赋值,相当于 x＝x－y	/＝	相除并赋值,相当于 x＝x/y

7.2.2   动作脚本的条件判断语句

条件判断语句是用于建立当条件成立时执行的语句,包括 if、else 和 else if 语句。

1. if 语句

if 条件语句主要应用于一些需要对条件进行判断的场合,其作用是当 if 中的条件成立时,则执行其设定的语句,这样可以使用一定的条件来控制影片的播放。其基本语法格式为:

```
if(condition){
  statement;
}
```

2. else 语句

else 语句必须配合 if 语句使用才有意义。如果满足 if 语句中的条件,则执行 if 后面的语句;如果不满足 if 语句中的条件,则执行 else 后面的语句。其基本语法格式为:

```
if(condition){
  statement;
}else{
  statement;
}
```

3. else if 语句

else if 语句配合 if 语句使用,主要实现对多个条件的判断。其基本语法格式为:

```
if(condition){
  statement;
}else if(condition){
  statement;
}else{
  statement;
}
```

例 7-7   条件判断语句的用法。

（1）新建 Flash 文档,在"图层 1"创建两个动态文本框和一个输入文本框并从左到右依次命名为 a、b 和 c。并设置 3 个文本框为"文本周围显示边框"。

（2）继续创建一个动态文本框用于显示提示信息,在其【属性】面板中的变量输入框中输入 tishi。

（3）创建两个按钮,分别在【属性】面板上命名为 submit_btn 和 reset_btn。再添加号和等号,最后效果如图 7-18 所示。

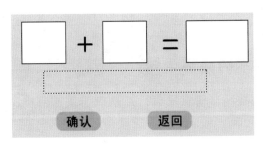

图 7-18　创建动态文本和按钮

（4）新建 action 图层并在第 1 帧输入代码：

```
init();                                      //调用自定义函数 init 实现初始化
submit_btn.onPress = function() {            //确定按钮按下触发的函数
    if (a + b == c) {                        //判断是否答对并显示相应提示语
        tishi = " * 恭喜你,答对了!* ";
    } else {
        tishi = " * 抱歉,答错了!* ";
    }
};
reset_btn.onPress = function() {             //返回按钮按下触发的函数
    init();                                  //初始化
};
function init() {                            //初始化函数
    tishi = "请输入结果";                     //初始化提示语
    a = Math.round(10 * Math.random());      //初始化 a 的值 0 - 10 的随机整数
    b = Math.round(10 * Math.random());      //初始化 b 的值 0 - 10 的随机整数
    c = "";                                  //初始化 c 的值
}
```

小知识　　a+b==c 是判断的条件表达式,最终的结果是逻辑值。其中"=="是比较运算符。

a=Math.round(10 * Math.random())中用了两个 Math 对象的方法,其中"Math.random()"产生一个 0～1 的随机小数(包括 0 不包括 1)；Math.round 将得到的小数四舍五入。最终 a 是一个 0～10 的整数(包括 0 包括 10)。

这里用到一个自定义函数 init()。因为我们在影片最开始的时候和单击"返回"按钮后都需要对文本框进行初始化,所以就将初始化的语句写成一个函数,通过调用函数重复利用。

（5）测试影片。输入结果后，单击"确定"按钮看结果，单击"返回"按钮重做。

比较运算符用于比较表达式的值，然后返回布尔值（true 或 false），如表 7-5 所示。

表 7-5　比较运算符

运算符	执行的运算	运算符	执行的运算
<	小于	==	等于
>	大于	===	严格等于
<=	小于等于	!=	不等于
>=	大于等于	!==	严格不等于

7.2.3　动作脚本的循环语句

在 Flash 中可以通过循环语句重复执行某条语句或某段程序。常用的循环语句包括 while、do while 和 for 语句。

1. while 语句

while 语句可以重复执行某条语句或某段程序。使用 while 语句时，系统会先计算一个表达式，如果表达式的值为 true，就执行循环的代码，在执行完循环中的每一个语句后，while 语句会再次对该表达式进行计算。如果表达式的值仍为 true，则会再次执行循环体中的语句，直到表达式的值为 false。其基本语法格式为：

```
while(condition){//condition 是 while 需要计算的表达式
    statement; //statement 是条件表达式结果为 true 时要执行的语句
}
```

2. do while 语句

do while 和 while 语句一样可以创建循环，不同的是 do while 语句对表达式的判断是在循环结束处，所以使用它时至少会执行一次循环（第一次）。其基本语法格式为：

```
do{
    statement;
}
while(condition)
```

3. for 语句

for 语句创建的循环结构多种多样，实现的循环方式也多种多样。前面两种循环结构的功能用 for 循环可以实现。其基本语法格式为：

```
for(init; condition; next){
    statement;
}
```

init 是一个赋值表达式，表示循环开始的最初值。condition 是循环判断的表达式，其作用是在每次循环前计算该条件,当条件结果为 true 时继续循环,否则退出循环。next 是指每次循环后要计算的表达式。整个 for 语句的运行顺序是:

(1) 计算 init 的值。

(2) 判断 condition,结果为 true 则执行步骤(3),否则执行步骤(4)。

(3) 执行 statement,然后执行 next,然后再执行步骤(2)。

(4) 不执行任何循环体语句,跳出循环。

例 7-8　循环语句的用法。

(1) 新建 Flash 文档,新建图形元件"单个烟花样子",如图 7-19 所示。

(2) 新建影片剪辑元件"单个烟花动画",利用"单个烟花样子"做一个向左运动并消失的动作补间动画,如图 7-20 所示。然后新建"图层 2",在最后一帧写上代码:"this.removeMovieClip();",实现将复制出来的影片删除掉。

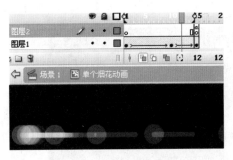

图 7-19　单个烟花样子　　　　图 7-20　单个烟花动画

(3) 新建影片剪辑元件"烟花动画",在"图层 1"放入"单个烟花动画"实例并命名为star,然后新建"图层 2"在第 1 帧写上如下代码(注释可以不写):

```
//复制30个单个烟花动画并设置它们的缩放和旋转角度
for (i = 0; i < 30; i++) {
    this.star._visible = 0;                          //隐藏手工拖入的影片剪辑
    mc = this.star.duplicateMovieClip("star" + i, i); //复制一个影片剪辑
    mc._rotation = Math.random() * 360;              //设置新复制的影片剪辑旋转角度
    mc._xscale = mc._yscale = Math.random() * 50 + 50; //设置新复制影片剪辑缩放比例
}
```

虽然在第(2)步中每个影片剪辑最后都有删除自身影片剪辑的语句,但是该语句不删除分配给负深度值的影片剪辑。而默认情况下采用创作工具创建的影片剪辑("star")分配负深度值。若要删除分配给负深度值的影片剪辑,需要用到 MovieClip.swapDepths()方法将影片剪辑移动到正深度值。因此在这里为了简便实现效果,将原来的"star"隐藏。

"mc=this.star.duplicateMovieClip("star"+i, i)"中使用了影片剪辑的 duplicateMovieClip()方法。该方法第一个参数是复制后的影片剪辑的新名称,第二个参数是新影片剪辑所放的深度。在实例中则是"this.star"调用 duplicateMovieClip()方法将自己复制为名为"star+i(i 是个变量,会不断变化)"的新的影片剪辑并放在第 i 个深度。

复制的影片剪辑被赋值给"mc"影片剪辑类型的变量,然后最后两句对所有复制后的影片剪辑进行了旋转角度和缩放比例的设置。

> 小知识　Flash 中的深度：是一个唯一整数，指定要放置新影片剪辑的深度。使用深度－16 384 可将新影片剪辑实例放置在创作环境中创建的所有内容之下。介于 － 16 383 和 －1（含）之间的值是保留供创作环境使用的。而用 duplicateMovieClip()方法创建的影片剪辑应设置为其余的有效深度，介于 0 和 1 048 575（含）之间。
>
> 　　Math. random()是"Math"类的一个取 0～1(含 1)之间的随机数的方法。

　　(4) 返回到"场景 1"，在舞台上拖放一个"烟花动画"元件，然后测试效果，如图 7-21 所示。

　　(5) 可以添加背景图层，并复制前面制作的 3 个元件，然后更改烟花的外形，做出很多烟花的效果，如图 7-22 所示。

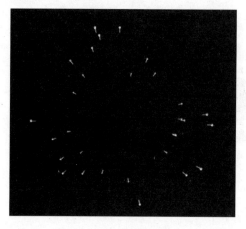

图 7-21　烟花效果

图 7-22　多烟花效果

　　前面看到在影片剪辑名称前有时有"_root"有时有"this"。这两个关键字再加上"_parent"都是用来指定对象实例的目标路径的。

　　(1) _root 关键字。在创建绝对路径时，通常用"_root"关键字代表主时间轴，可以用这个关键字在影片的任何位置指定主时间轴上的对象。假设 cat 是主时间轴中影片剪辑实例的名称，在这个影片中的任何位置都可以通过"_root. cat"来调用 cat 实例。

　　(2) _parent 关键字。在创建相对路径时，通常用"_parent"关键字代表父一级的对象。假设"little_cat"是影片剪辑"cat"包含的影片剪辑，则在"little_cat"中可以用"_parent. cat"来调用"cat"实例。

　　(3) this 关键字。"this"关键字用于代表当前对象。假设当前影片剪辑是"cat"，"cat"又包含"little_cat"，则可以通过"this. little_cat"来调用"little_cat"实例。

7.2.4　复杂交互动画综合实例——简易计算器

　　(1) 制作计算器背景，并创建一个动态文本框，设置输入文本框变量为 display，然后再制作 16 个按钮，如图 7-23 所示。

（2）新建一个图层在第 1 帧上并写如下代码：

图 7-23　简易计算器外观

```
var display:String = "0";        //定义显示变量
var operand1:Number = 0;         //定义第一个操作数
var operator:String;             //定义操作符
var newInput:Boolean = true;     //定义是否新输入数字
                                 //输入数字函数 inDigit
function inDigit(myDigit:Number) {
    if (newInput) {              //如果可以输入新数字
        newInput = false;        //关闭输入新数字
        display = "0";           //显示值为 0
    }
    if (display == "0") {        //显示为 0 则录入新数字
        display = String(myDigit);
    } else {
        display += String(myDigit);     //否则继续录入原数字
    }
}
//输出结果函数 getResult
function getResult(myOperator:String) {
    if (operator == " + ") {//加法
        display = String(operand1 + Number(display));
    }
    if (operator == " - ") {              //减法
        display = String(operand1 - Number(display));
    }
    if (operator == " * ") {              //乘法
        display = String(operand1 * Number(display));
    }
    if (operator == "/") {              //除法
        display = String(operand1/Number(display));
    }
    operator = " = ";                    //运算后将操作符换掉
    newInput = true;                     //将上次数据运算后,开始输入新数字
    if (myOperator != null) {            //如果输入运算符不为空
        operator = myOperator;           //设置新的运算符
        operand1 = Number(display);      //将上次运算结果赋给 operand1
    }
}
```

> **小知识** "String"（number）能把"number"（数字型）强制转换为字符型的数据；"Number"（string）能把"string"（字符型）数字强制转换为数字型的数据。如果"string"是非数字的字符,则转换结果不是数字。

（3）为数字按钮添加脚本。单击数字 0 按钮,打开【动作】面板并写入代码：

```
on (press) {
    inDigit(0);              //调用函数 inDigit 并传入参数 0
}
```

采用同样的方法为其他 1～9 的数字按钮添加相应代码(注意更改对应参数)。

(4) 为加、减、乘、除按钮添加脚本。单击【加号】按钮,打开【动作】面板并写入代码:

```
on (press) {
    getResult(" + ");          //调用函数 getResult 并传入参数" + "
}
```

采用同样的方法为其他运算符按钮添加相应代码(注意更改对应参数)。

(5) 为【等号】按钮添加脚本:

```
on (press) {
    getResult();              //调用函数 getResult,括号内没有参数
}
```

(6) 为【清除】按钮添加脚本:

```
on (press) {
    display = "0";            //使输入文本框变量 display 显示为 0
}
```

(7) 测试影片。依次单击按钮完成"12×13×2="的运算,结果如图 7-24 所示。

图 7-24 测试简易计算器

第 **8** 章

动画的导出与发布

本章说明

本章介绍 Flash 影片的后期处理,包括优化与测试、导出与发布。在导出或发布影片前,最好优化并测试影片,使影片下载播放的效果最佳。Flash 可以导出能够在其他应用程序中进行编辑的内容,并将影片直接导出为单一的格式。Flash 既可以向网络发布 Flash 动画,还可以向没有安装 Flash 插件的浏览器发布各种格式的图形文件和视频文件。

核心概念

优化、测试、导出、发布

学习建议

(1) 通过阅读,掌握 Flash 动画常见的优化策略和测试方法,能够根据具体情况选择合适的优化策略并进行测试,掌握导出和发布 Flash 作品的方式,以及常见的导出与发布格式及其设置。

(2) 通过"拓展练习",深入理解优化策略,掌握测试、导出、发布与打包 Flash 动画的方法,灵活运用学习的基本知识和技能,达到举一反三。

8.1 动画的优化与测试

本节介绍常见的优化策略,以及常见的 Flash 动画文件测试方法、测试顺序。

8.1.1 优化动画文件

1. 为什么要进行优化?

利用 Flash 制作的动画尺寸要比位图动画文件(如 GIF 动画)尺寸小得多,它是通过广泛使用矢量图形做到这一点的,与位图图形相比,矢量图形需要的内存和存储空间小很多,因为它们是以数学公式而不是大型数据集来表示的,特别适用于创建通过 Internet 提供的内容,它在网页上得到了广泛传播。为了 Flash 更好地发展与应用,在出色的动画效果和动画体积上寻找平衡点,就有必要对动画进行优化。

2. 如何优化?

Flash 动画文件的大小决定下载和回放时间的长短,对其进行优化以减小文件,从而减短下载和回放时间,使它能在网络中被浏览者顺利欣赏。虽然 Flash 在作品发布时会自动进行一些优化,如检查是否有重复的图形,对于重复的图形,在文件中只保存该图形的一个版本,将嵌套群组分解为单一群组等,但创作者还是应当在设计制作时从整体上对动画进行优化。其优化要遵循以下原则:

1) 元素的优化

(1) 对于重复使用的元素,尽量转换为元件(因为文件中只保存一次元件,而实例不会被保存)。

(2) 尽量组合元素或组件。

(3) 将动画中变动的元素和不变的元素放在不同的图层,对元素进行分层管理。

(4) 使用【修改】|【形状】|【优化】命令,减少矢量图形的形状复杂程度,如描述形状的分隔线数量、矢量色块图形边数和矢量曲线的折线数量。

(5) 尽量少用特殊形状的矢量线,如虚线、点状线、锯齿状线,因为它们比实线占用的内存多。

(6) 尽量使用【铅笔工具】绘图,因为【铅笔工具】绘制的线条比【刷子工具】画笔笔触绘制的线条占用的内存更少。

(7) 尽量使用影片剪辑元件,因为影片剪辑元件比图形元件占用的空间更少。

(8) 尽量使用本地变量。

(9) 为重复使用的代码定义函数。

2) 文本的优化

(1) 限制字体和字形的数量、字体样式和嵌入字体的使用,因为它们会增大文件的数据量。

(2) 使用文本时最好不要输入太多。

(3) 尽量不把文字打散。

3) 颜色的优化

(1) 尽量少使用渐变色,因为渐变色填充比单色填充占用的内存更多。

(2) 尽量少使用 Alpha 透明度,因为它会减慢回放速度。

(3) 在元件属性面板中创建一个元件的不同颜色的多个实例。

(4) 使用混色器使动画文件的调色板与浏览器专用的调色板匹配。

4) 其他优化策略

(1) 限制关键帧中的变化区域,使交互动作的作用区域尽可能少。

(2) 尽量少使用逐帧动画,因为补间动画中的过渡帧是由计算得到的,它比逐帧动画占用的空间更少。

(3) 尽量不用位图做动画或外部导入对象,而将其作为背景或静态元素,因为位图文件容量较大。

(4) 若文件中包含声音文件,尽可能使用 mp3 声音格式。

（5）避免在动画的开始阶段设置数据较多的对象，因为动画作品刚刚调入用户计算机时，常有较大的数据量。

（6）站在访问者的角度考虑文档的组织，根据需要将很多的内容载入到一个基本 SWF 文件中，以减少访问者一次性加载的内容。

（7）使用影片浏览器了解和编辑文件中元素与帧之间、元素与元素之间的组织关系和元素的属性及其所包含的动作语句 Actions 等，在影片浏览器中，文件被组织成树形关系表。

（8）在 Web 上优化 FLA 文件的方法是在运行时载入内容、添加进度条和将内容分为几个小一些的 SWF 文件。

（9）有时使用动作脚本创建动画可以减少文件大小和工作量，但代码可能增加 SWF 文件对访问者处理器资源的占用，从而减慢 SWF 文件的回放。

以上优化原则是设计和制作 Flash 动画时应该遵循的，只有体现了以上优化策略的 Flash 动画才能在实现出色动画效果的基础上，尽可能地减少动画体积，从而减短下载和回放时间，便于浏览者顺利观看。

8.1.2 测试动画文件

对于已经制作完成并优化的动画文件，可能还会存在一些问题，如果直接导出可能就会出错，达不到预想的效果，所以在导出之前，需要采取一些方法来检测可能出现的问题，并测试动画文件在网络中的下载速度和播放状况是否有延迟现象，以便及时进行修改或调整，测试可以检查动画是否能正常播放。

Flash 编辑环境可能不是首选的测试环境，但是在编辑环境中确实可以进行一些简单的测试。

（1）按钮状态：按钮在 4 种状态下的外观。要测试按钮的可视功能，可以选择【控制】|【启用简单按钮】命令，按钮将如同在最终影片中一样响应。

（2）主时间线上的声音：试听放置在主时间线上的声音。

（3）主时间线上的帧动作：附在帧或按钮上的 Go To、Play、Stop 动作将在主时间线上起作用，要测试这些帧动作，可以选择【控制】|【启用简单帧动作】命令，起用帧动作后，当在编辑环境中放映时间线时，相应的帧动作将作出响应。

（4）主时间线上的动画：主时间线上的形状、动作动画，不包括电影剪辑中的动画或按钮。

在编辑环境中的测试是有限的，要测试电影剪辑、动作脚本和其他重要的动画元素，必须在编辑环境之外。

选择【控制】|【测试场景】命令（或按 Ctrl＋Alt＋Enter 快捷键）或选择【控制】|【测试影片】命令（或按 Ctrl＋Enter 快捷键），进入测试环境，绘图模式下只有一个菜单栏，选择【视图】|【带宽设置】|【下载设置】|【模拟下载】命令等，模拟在当前设置的带宽速度下，影片在浏览器下载并播放的情况，如图 8-1 所示。

其中，带宽设置命令根据所设定的调制解调器的传输速率，将影片每帧的传输数据进行比较，并用图表显示出来，它根据一般的网络性能，模拟近似的下载速度，而不是确切的调制解调器的速度。例如，一个 56KB/s 的调制解调器，理论上以 7KB/s 的速度下载数据，但在 Internet 中，实际的速度并没有这么高。为了更逼真地模拟网络特性，下载设置菜单命令中

图 8-1　测试窗口

的 56KB/s 选项设置的实际下载速率为 4.7KB/s。在图 8-1 中,右上方每个交错的浅色和深色的方块都表示影片的一个帧。方块的大小表示该帧所含数据量的多少。方块越大,表示该帧的数据量越大,下载该帧的时间也就越长。若方块超过了红线,表示该帧的数据量超过了设定的限制,下载该帧的时间较长,影片必然会在这帧上停留,等待数据的下载。单击其中一个浅色或深色的方块,影片停留在该帧上,此时左上方的数据表示该帧的下载性能。

　　进入测试环境,自动创建当前场景或整个动画的工作版本,适合于独立的 Flash 播放程序,即 SWF 格式文件,并打开一个新的窗口,在这个窗口中播放影片,从而测试交互性、动画和功能等各个方面的内容。这个播放文件生成在与 .fla 文件相同的目录中。使用这两个命令的导出设置以 Publish Settings 对话框中的 Flash 选项设置为基础。此时如果影片中有错误,将会自动弹出【编译器错误】面板显示提示信息,如图 8-2 所示。当使用 trace 输出语句,将会自动弹出【输出】面板显示输出信息,如图 8-3 所示。

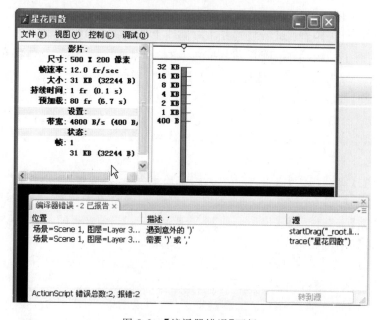

图 8-2　【编译器错误】面板

图 8-3 【输出】面板

　　执行【窗口】|【输出】命令（或在 Flash 播放器中执行【调试】|【变量列表】命令），打开【输出】面板，Flash 的【输出】面板用于在调试模式下显示一些编译错误信息，以及动画中所有对象和变量的详细情况，还可以用 trace 语句向【输出】面板发送一些调试信息。

　　Flash 动画制作完成后，【调试器】面板允许在播放动画的同时在代码中发现错误。执行【窗口】|【调试面板】|【调试器】命令（或按 Shift＋F4 快捷键），打开【调试器】面板，如图 8-4 所示。在【调试器】面板中以分层结构列出动画中所有的影片剪辑对象和从外部载入的动画，可以查看并修改影片剪辑对象中的变量值和属性值。

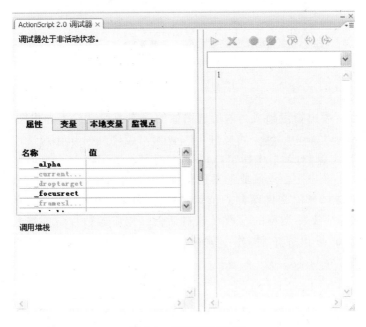

图 8-4 【调试器】面板

8.2　动画的导出与发布

本节介绍导出 Flash 作品的两种方式，常见的导出格式及其设置；掌握发布影片的方法，以及几种常见格式的设置；Flash 作品在何种情况下要打包，以及打包的常用方法。

对 Flash 动画进行优化和测试是非常重要的，接下来介绍 Flash 动画的导出和发布，这是制作过程的最后一步。在 Flash 中，可以控制作品的传输方式，如通过 HTML 网页传输、作为执行程序传输；选择多种发布途径，如 Windows 的 AVI 电影、QuickTime 电影、静态图形格式等。

8.2.1　动画的导出

在 Flash 中，可以将动画中所有的帧以图片序列文件的形式导出，也可以导出其中某一帧。执行【文件】|【导出】命令，如图 8-5 所示。

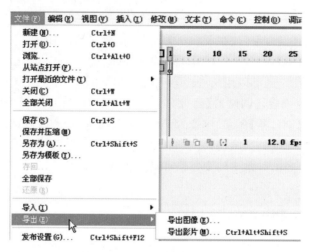

图 8-5　【导出】命令

（1）导出图像：导出指定帧或当前所选图像的静态图像文件。导出图像文件类型主要有 Flash 影片（＊.swf）、Windows 元文件（＊.wmf）、位图（＊.bmp）、JPEG 图像（＊.jpg）等，其类型在【导出图像】对话框中指定，如图 8-6 所示。

（2）导出影片：导出一段动画或一系列包含不同内容的图片，甚至一段音频。如图 8-7 所示，在对话框中选择导出文件保存的位置，输入文件名，并选择要导出的文件类型，单击【保存】按钮，进入相应文件类型的参数设置对话框。相应参数设置完毕后，单击【确定】按钮，出现导出进度条，导出完毕后，作品就被导出为一个独立的影片文件了，它可以脱离 Flash 编辑环境独立运行。

需要注意以下两点：

（1）在将 Flash 图像导出为矢量图形文件时，可以保留其矢量信息，并可以在其他基于矢量的绘画程序中编辑这些文件，但是不能将这些图像导入大多数的页面布局和文字处理程序中。

图 8-6 【导出图像】对话框

图 8-7 【导出影片】对话框

(2) 将 Flash 图像保存为位图 GIF、JPEG、PICT(Macintosh)或 BMP(Windows)文件时,图像会丢失其矢量信息,仅以像素信息保存。可以在图像编辑器(例如 Adobe Photoshop)中编辑导出为位图的 Flash 图像,但是不能再在基于矢量的绘画程序中编辑它们。

从图 8-6 和图 8-7 看出,Flash CS3 导出图像、导出影片的格式非常多。下面就使用比较多的几种格式及其参数设置做一些简介。

1. Flash 影片(.swf)

.swf 是默认的导出格式,可以播放在编辑时设计的所有动画效果和交互功能,而且文件数据量小,可以设置保护,其参数设置对话框如图 8-8 所示。

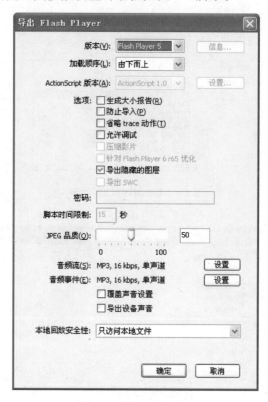

图 8-8　【导出】对话框

图 8-8 中主要设置项如下:

(1)【版本】:设置导出的 Flash 作品的版本,默认为 Flash Player 5。

(2)【加载顺序】:从下拉列表中设置打开动画时,动画各层的下载显示顺序。这个选项只对动画的开始帧起作用,其他帧的显示不会受到该参数的影响。实际上,其他帧中各层的内容是同时显示的。

(3)【ActionScript 版本】:可选择 ActionScript 1.0、ActionScript 2.0 或 ActionScript 3.0(此项的选择和版本的选择有关)。

(4)【选项】:

① 生成大小报告:在导出 Flash 作品的同时,产生一个记录作品中各动画对象容量大小的文本文件(.txt),该文件与导出的文件同名。

② 防止导入：可以防止别人通过【导入】命令来调用。选择该选项后，下面的【密码】文本框变为可用，可以输入保护密码。

③ 省略 trace 动作：取消作品中各脚本中的 trace 语句。

④ 允许调试：允许用户在本地或远端调试动画。如果选择了该选项，也可以设置密码保护。

⑤ 压缩影片：压缩 Flash 动画以减小文件大小及下载时间。此选项对于有大量文本或 ActionScript 语句的动画特别有效（当版本选择 Flash Player 6 或之后的版本，此选项才被激活）。

⑥ 针对 Flash Player 6 r65 优化：运用于 Flash Player 6 版本。

⑦ 导出隐藏的图层：决定编辑 Flash 作品时被隐藏的图层是否导出。

⑧ 导出 swc：swc 是 Flash 的组件文件，选择该选项后就将文件导出为组件的形式。

（5）【脚本时间限制】：当版本选择 Flash Player 7 及之后的版本或 Flash Lite 2.0 及之后的版本，此选项才被激活。

（6）【JPEG 品质】：设定作品中位图素材的导出压缩的 JPEG 格式的图像，并根据其本身设置的压缩比例（通过该素材对象的属性对话框）或这里设置的压缩比例进行压缩处理。在该对话框中设置压缩率将应用于作品中所有未进行压缩设置的位图对象。

（7）【音频流】/【音频事件】：设定作品中音频素材的压缩格式和参数。在 Flash 中对于不同的音频引用可以指定不同的压缩方式，可以分别进行设置。单击【设置】按钮会弹出声音设置对话框，用于调整两类声音。

① 覆盖声音设置：选中该项后在库中对个别声音的压缩设置将不起作用，将全部套用这里两项设置的声音压缩方案。

② 导出设备声音：导出移动设置播放的动画声音。

（8）【本地回放安全性】：设置动画播放的安全性。

2．WMF 文件（.wmf）

.wmf 是标准 Windows 图形格式，大多数的 Windows 应用程序都支持该格式。此格式对导入和导出文件会生成很好的效果。它没有可定义的导出选项。它是一种矢量图形格式。导出影片时，将每一帧导出为一个单独的 WMF 文件，从而使整个动画导出为 WMF 格式的图片文件序列。

3．位图文件（.bmp）

动画中每一帧导出为一个单独的.bmp 文件，最后整个动画导出为位图文件序列。此格式是一个跨平台的图像格式，可用于 DOS、Windows NT 或者 OS/2 操作系统中的 PC 上，此格式不支持 Alpha 通道。参数设置对话框如图 8-9 所示。

图 8-9 中主要设置项如下：

（1）【尺寸】：用于设置导出的位图图像的大小（以像素为单位）。Flash 确保指定的大小始终

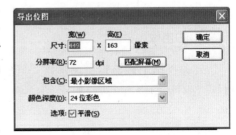

图 8-9 【导出位图】对话框

与原始图像保持相同的高宽比。

（2）【分辨率】：设置导出的位图图像的分辨率（以每英寸的点数（dpi）为单位），并且让Flash 根据绘画的大小自动计算宽度和高度。如果要将分辨率设置为与显示器匹配，就单击【匹配屏幕】按钮。

（3）【包含】：设置导出的区域。可以从中选择导出最小影像区域，或者完整文档大小。

（4）【颜色深度】：用于指定图像的位深度。某些 Windows 应用程序不支持较新的32 位深度的位图图像，如果在使用 32 位格式时出现问题，则可以选用较早的 24 位格式。

（5）【平滑】：对导出的位图应用消除锯齿效果。消除锯齿可以生成较高品质的位图图像，但是在彩色背景中它可能会在图像周围生成灰色像素的光晕。如果出现光晕，则取消选中此复选框。

导出影片与导出图像相比，参数设置对话框略有不同，如图 8-10 所示。导出影片时，对话框中少了【包含】选项。

4. JPEG 文件（.jpg）

动画中每一帧导出为一个单独的.jpg 文件，最后整个动画导出为 JPEG 格式的位图文件序列。其参数设置与位图序列文件参数设置基本相同，如图 8-11 所示。不同的是还可以设置图片的压缩比例以及在网络环境下显示该图片时是否采用"累计"的方式，当选中【渐进式显示】复选框时，用户在浏览页面时首先在浏览器中看到低画质图片，然后随着数据的不断下载，该 JPEG 图片的画质逐步改进。

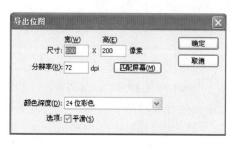

图 8-10 【导出位图】对话框

图 8-11 【导出 JPEG】对话框

导出影片与导出图像相比，参数设置对话框略有不同，如图 8-12 所示。导出影片时，对话框中少了【包含】选项。

5. GIF 图像（.gif）

.gif 是网络上较流行的图形格式，经过压缩可进行动画处理。导出图像与导出影片时，参数设置对话框略有不同，如图 8-13 和图 8-14 所示。导出影片时，对话框中少了【包含】选项。

相同的导出设置包括尺寸、分辨率、颜色等，还可以选中【交错】、【平滑】和【抖动纯色】复选框。其中的【颜色】选项用于设置创建图像时使用的每个像素的位数。

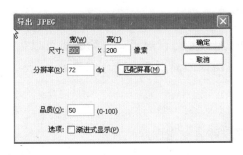

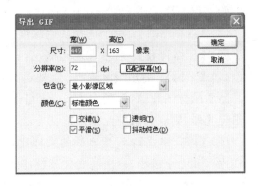

图 8-12　【导出 JPEG】对话框　　　　　　　　图 8-13　【导出 GIF】对话框

6. PNG 文件(.png)

.png 是唯一支持透明度(作为 Alpha 通道)的跨平台位图格式,可以直接在网页中使用。参数设置对话框如图 8-15 所示。

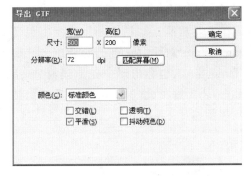

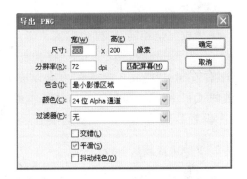

图 8-14　【导出 GIF】对话框　　　　　　　　图 8-15　【导出 PNG】对话框

在其中可以设置图片尺寸、分辨率、颜色、包含等,还可以选中【交错】、【平滑】和【抖动纯色】复选框。其中的【过滤器】有无、下、上、平均等选项,选择一种逐行过滤方法使 PNG 文件的压缩性更好。

7. Windows AVI(.avi)

.avi 是 Windows 标准视频文件格式,但是会丢失所有的交互性。可以在 Windows 附带的视频播放器中播放,也可以在许多视频编辑软件中进行编辑。它是一种很好的、用于在视频编辑应用程序中打开 Flash 动画的格式。由于 AVI 是基于位图的格式,因此如果包含的动画很长或者分辨率比较高,文档就会非常大。参数设置对话框如图 8-16 所示。

图 8-16 中主要设置项如下:

(1)【尺寸】:用于指定 AVI 影片的帧的宽度和高度(以像素为单位)。宽度和高度两者只能指定其一,另一个尺寸会自动设置,这样会保

图 8-16　【导出 Windows AVI】对话框

持原始文档的高宽比。取消选中【保持高宽比】复选框就可以分别设置宽度和高度。

（2）【视频格式】：用于选择颜色深度。

（3）【压缩视频】：启用该复选框，会显示一个对话框，用于选择标准 AVI 压缩选项。

（4）【平滑】：启用该复选框，会对导出的影片应用消除锯齿效果。消除锯齿可以生成较高品质的位图图像，但是在彩色背景上它可能会在图像的周围产生灰色像素的光晕。如果出现光晕，则取消选中此复选框。

（5）【声音格式】：设置音轨的采样比率和大小，以及是以单声还是以立体声导出声音。采样比率和大小越小，导出的文件就越小，但是这样可能会影响声音品质。

8. QuickTime（.mov）

.mov 文件是 Apple 公司的 QuickTime 视频文件，具有体积小、可缩放、可旋转、可透明等特点，也是网络上常用的视频格式之一。将影片发布为.mov 文件之前，确保系统已经安装了 QuickTime 视频播放器。例如，如果安装了 QuickTime 5，则 Flash 会以版本 5 格式发布 QuickTime 视频。如果没有安装 QuickTime，Flash 会弹出警示框，指出发生错误，因为没有找到所需的 QuickTime 组件。Flash 文档在 QuickTime 视频中播放与在 Flash Player 播放完全相同，同样也保留了影片自身的所有交互功能。如果 Flash 文档也包含一个 QuickTime 视频，则 Flash 会将其复制到新 QuickTime 文件中它自己的轨道上。如果试图将 Flash Player 6 或 7 的内容导出为 QuickTime 格式，也会出现一条错误消息，指出安装的 QuickTime 版本不支持该版本的 Flash Player。要解决此问题，可以从后面提到的【发布设置】对话框中的 Flash 选项卡上的【版本】列表中选择 Flash Player 4。

9. WAV 音频（.wav）

将当前文档中的声音文件导出到单个.wav 文件中，如图 8-17 所示。它有两个设置项：

（1）【声音格式】：确定导出声音的采样频率、比特率以及立体声或单声设置。

（2）【忽略事件声音】：从导出的文件中排除事件声音。

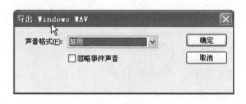

图 8-17　【导出 Windows WAV】对话框

8.2.2　动画的发布设置与发布

Flash 动画可以导出为多种格式，为了避免每次导出时都进行设置，可以在【发布设置】对话框（执行【文件】|【发布设置】命令，如图 8-18 所示。打开后的【发布设置】对话框如图 8-19 所示）中选择需要的发布格式，一次性导出所有选定的文件格式。这些文件默认存放在 Flash 电影源文件所在的目录中。与导出相比，发布可以进行更详细的设置，如单独设置背景音乐、图形格式、颜色等。

Flash 还允许将发布设置单独保存为配置文件。这样，不用每次发布时都一一设置，而只需要直接导入已创建保存的配置文件。在【发布设置】对话框中提供一系列配置文件相关的按钮，单击各按钮，在各对话框中进行相应的设置。

图 8-18　选择【发布设置】命令

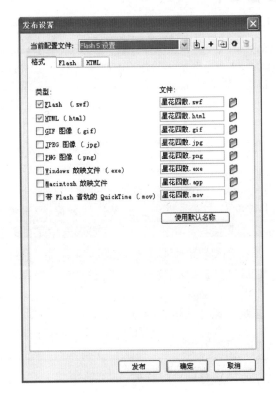

图 8-19　【发布设置】对话框

（1）【导入/导出配置文件】：单击该按钮，提供导入和导出两个选项。其中，导出选项可以将发布配置文件导出为 XML 文件，以便导入其他文档。导入选项用于导入已创建和导出的发布配置文件。导入之后，发布配置文件将以选项的形式出现在【发布设置】对话框中的【前配置文件】下拉菜单中。

（2）【创建新配置文件】：创建发布配置文件来保存发布设置的配置。之后，可以导出发布该配置文件到其他文档，或供他人使用。相反地，您还可以导入发布配置文件用于您的文档。发布配置文件提供了很多优点，包括以下各项：

① 可以创建配置文件，以多种媒体格式发布。

② 可以创建公司内部使用的发布配置文件，这不同于为客户发布文件。

③ 公司可以创建标准的发布配置文件，从而确保以一致的方式发布文件。

与默认发布设置类似，发布配置文件也保存在文档中，而不是保存在应用程序层。要在另一文档中使用发布配置文件，需将其导出，然后再导入到该文件。单击该按钮，在弹出的【创建新配置文件】对话框中为其命名，如图 8-20 所示。单击【确定】按钮，此时当前配置文件自动切换为新配置文件，指定各项设置，最后单击【确定】按钮保存。

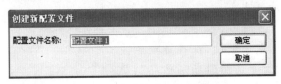

图 8-20　【创建新配置文件】对话框

（3）【直接复制配置文件】：如果修改了发布配置文件的发布设置并且要保存修改，则可以创建一个重复的配置文件。在当前配置文件下拉菜单中，选择要复制的发布配置文件，单击此按钮，为该配置文件命名，并进行需要的修改。

（4）【重命名配置文件】：单击该按钮，为配置文件重命名。

（5）【删除配置文件】：当不再需要发布配置文件时，可以通过单击该按钮将其从文档中删除。

在【发布设置】对话框中，【格式】选项卡中提供了 8 种选项，如图 8-19 所示。包括 Flash（.swf）、HTML（.html）、GIF（.gif）、JPEG（.jpg）、PNG（.png）、Windows（.exe）、Macintosh 和 QuickTime（.mov），其中默认选项是 Flash（.swf）和 HTML（.html）。选择需要的文件格式，并在文件名文本框中自定义文件名称，或选择使用默认名称选项，此时系统默认所有类型的发布文件与源文件同名。对应于选中了的复选框，对话框上部会出现该选项的标签，单击标签可在各种格式的参数设置选项卡间切换，一一进行相应的设置，然后单击【发布】按钮，或通过【文件】|【发布】命令，或使用 Shift＋F12 快捷键，一次性发布所有选定的文件格式。一个动画作品被发布后，在网上就有版权，受版权保护，浏览者未经许可，不能下载。

下面对几种常见格式的设置作简介。

1. Flash（.swf）

这里的设置与导出时相似，不再赘述。

2. HTML（.html）

.html 用于影片发布为 HTML 网页文件时，对 Flash 电影在浏览器中播放时需要的参数进行设置。在【发布设置】对话框中选择 HTML 选项卡，可切换到 HTML 设置面板，如图 8-21 所示。

图 8-21 中主要设置项如下：

（1）【模板】：生成 HTML 文件时所用的模板，可以在其列表框中选择使用何种已安装的模板，单击【信息】按钮可以查看各模板的介绍。如果没有选择任何模板，Flash 将使用名为 Default.html 的文件作为模板；如果该文件不存在，Flash 将使用列表中的第一个模板。

（2）【检测 Flash 版本】：选中该复选框，可以对 Flash 版本进行检查。在版本文本框中可以输入修订版的次数。

（3）【尺寸】：定义 HTML 文件中插入的 Flash 动画的长和宽。其下拉列表包括匹配电影、像素和百分比 3 个选项：

① 匹配电影：系统默认选项，选择此项后发布的 HTML 文件大小的度量与原动画作品的单位相同。

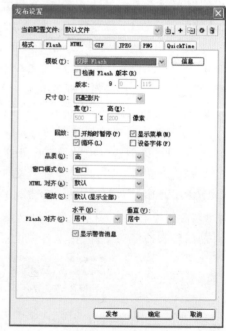

图 8-21   HTML 选项卡

② 像素：选择此项后，可以在【宽】和【高】文本框中输入宽度和高度的像素值。

③ 百分比：选择此项后，可以在文本框中输入适当的百分比值，以便设置动画相对于浏览器窗口的尺寸大小。

(4)【回放】：控制动画的播放属性，其选项包括4个选项。

① 开始时停止：选择该项后，动画将在一开始就停止播放，指导用户单击影片中的按钮或者选择【播放】命令时，才开始播放。

② 显示菜单：选择该项后，当用户右击影片时，将显示一个快捷菜单。

③ 循环：选择该项后，可以重复播放影片。默认为选择状态。

④ 设备字体：选择该项后，可以使消除锯齿的系统字体替换未安装在用户系统上的字体。使用设备字体能使小号字体清晰易辨，并可以减小影片文件的大小。

(5)【品质】：用于设置影片的动画图像在播放时的显示质量，消除锯齿功能的程度，有以下选项。

① 低：选中此项，不进行任何消除锯齿功能的处理。

② 自动降低：选中此项，在播放动画作品的同时，会尽可能打开消除锯齿功能，尽量提高图形的显示质量。

③ 自动升高：选中此项，在播放动画作品的同时，自动牺牲图形的显示质量以保证播放的速率。

④ 中：选中此项，可以运用一些消除锯齿功能，但不会平滑位图。

⑤ 高：选中此项，在播放动画作品的同时，打开消除锯齿功能，如果动画作品中不包含动画时，就对位图进行处理，这是系统的默认选项。

⑥ 最佳：选中此项，在播放动画作品的同时，自动提高最佳的图形显示质量，并且不考虑播放速率。

(6)【窗口模式】：设置动画作品在浏览器中的透明模式。该选项只对Windows系统中安装了Flash ActiveX插件的IE 4.0及以上版本起作用。其下拉列表包括以下选项。

① 窗口：选中此项将使动画作品在网页中指定的位置播放，这是播放速度最快的一种选项。

② 不透明无窗口：选中此项将在浏览器中使动画作品的效果遮住网页上动画作品后面的内容。

③ 透明无窗口：选中此项将使得网页上动画作品中的透明部分显示网页的内容与背景。

(7)【HTML对齐】：用于设置动画在浏览器中的对齐方式或图片在浏览器指定矩形区域中的放置位置。其中，选择【默认】选项，可以使影片在浏览器窗口内居中显示，如果浏览器窗口尺寸比动画所占区域尺寸小，会裁剪影片的边缘；选择【左对齐】、【右对齐】、【顶部】以及【底部】选项，会使影片与浏览器窗口的相应边缘对齐，并且在需要时裁剪其余的3个边。

(8)【缩放】：设置当播放区域与动画作品的播放尺寸不相同时画面的调整方式。有以下选项：

① 默认（显示全部）：可以在指定的区域显示整个影片，并且不会发生扭曲，同时保持影片的原始宽高比，边框可能会出现在影片的两侧。

② 无边框：可以对影片进行缩放，以使它填充指定的区域，并且保持影片的原始宽高比，同时不会发生扭曲，如果需要，可以裁剪影片边缘。

③ 精确匹配：可以在指定的区域显示整个影片，它不保持影片的原始宽高比，可能会

发生扭曲。

④ 无缩放：可禁止影片在调整 Flash Player 窗口大小时进行缩放。

（9）【Flash 对齐】：设置动画作品在播放区域中的对齐方式。其中，【水平】对齐包括左对齐、居中、右对齐选项；【垂直】对齐包括顶部、居中、底部选项。

（10）【显示警告消息】：选中该复选框后，可以在动画播放过程中发生冲突时显示错误消息。

3. GIF 图像（.gif）

在发布设置对话框中，单击 GIF 选项卡，进入其参数设置面板，如图 8-22 所示。
图 8-22 中主要设置项如下：

（1）【尺寸】：默认状态下导出的 GIF 图片尺寸与该影片的尺寸相同。如果取消选中【匹配影片】复选框，可以在保持图形高度比例状态下设置需要的图形尺寸。

（2）【回放】：控制动画的播放属性。包括两个选项，其中，【静态】代表帧中的图形内容以 GIF 文件格式产生一个静态图片；【动态】代表产生一个含有多个连续画面的 GIF 动画文件，时间轴上的每一帧成为 GIF 动画中的一幅图片。当选中【动态】后，不断循环和重复选项变为可用，这两个选项用于设置动画在播放时是不断循环还是重复播放多少次。

（3）【选项】：用于对 GIF 图像外观的品质属性进行设置。包括以下几项。

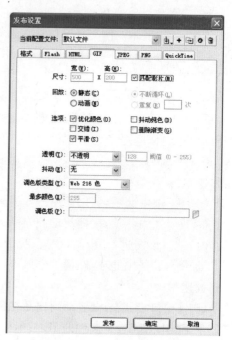

图 8-22　GIF 选项卡

① 优化颜色：从 GIF 文件的颜色表中除去所有未用到的颜色，这将在不损失画质的前提下使文件少占一定的存储空间。

② 抖动纯色：用于确定是否对色块进行抖动处理。

③ 交错：在浏览器中下载该图形文件时，以交错形式逐渐显示出来。对 GIF 动画可以不使用此项。

④ 删除渐变：将把图形中的渐变色改为单色，此单色为渐变色中的第一种颜色。渐变色会增加文件的存储空间，并且画质较差，在选择此项之前，为了避免产生不可预料的结果，应该先选择好渐变色的第一种颜色。

⑤ 平滑：使用消除锯齿功能，生成更高画质的图形。

（4）【透明】：用于设置 GIF 图像中是否保持透明区域。其下拉列表包括不透明、透明和 Alpha 选项。其中，【不透明】表示使动画的背景不透明；【透明】表示使动画的背景透明；Alpha 设置了一个透明度的阈值，当动画中透明度低于此值的颜色时将完全透明、不可见，反之其颜色不发生任何变化。

（5）【抖动】：用于指定可用颜色的像素的混合方式，以模拟出当前调色板中不可显示的颜色。抖动可以改善颜色品质，但也会增加文件大小。其中，【无】表示不进行颜色处理；

【有序】表示尽可能减少文件体积,并进行颜色处理;【扩散】表示提供最好的颜色处理效果,文件的体积将会增大。

(6)【调色板类型】:定义用于图像的调色板。包括 4 个选项:

① Web 216 色:系统的默认方式,使用标准 216 色浏览器调色板创建 GIF 文件,可以提供高质量的画面效果,并且在服务器上的处理速度也是最快的。

② 最合适:将对不同的图形进行颜色分析,并据此产生该图形专用的颜色表,产生与原动画中的图形最匹配的颜色,但是文件体积会增大。

③ 接近 Web 最适色:除了将相近的颜色转变为 Web 216 调色板中的颜色外,其余与上一项相同。

④ 自定义:为将要发布的图形指定调色板。

(7)【最多颜色】:当调色板类型为最合适或接近 Web 最适色,可以通过此选项设置其最大颜色数。当【调色板类型】选择【最合适】或【接近 Web 最适色】时,此项才可编辑。

(8)【调色板】:当调色板类型为自定义时,该选项变为可用,单击【浏览】按钮,可以选择需要的调色板文件。

4. JPEG 图像(.jpg)

JPEG 的设置比较简单,包括尺寸、品质、渐进,如图 8-23 所示。其中,【品质】选项用来控制生成的 jpg 格式文件的压缩比例,该值较低时,压缩比较大,发布的文件体积较小,反之,生成的文件体积较大。如果启用【渐进】选项,将生成渐进显示的 jpg 格式文件。

5. PNG 图像(.png)

PNG 设置面板中的选项和 GIF 设置面板中的选项基本相同,如图 8-24 所示。区别在于,【位深度】选项可以为图像创建时使用的每个像素设置位数和颜色数。

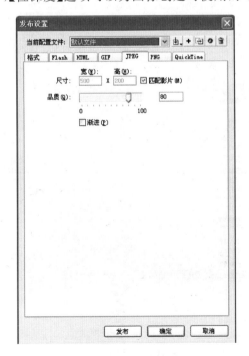

图 8-23 JPEG 选项卡

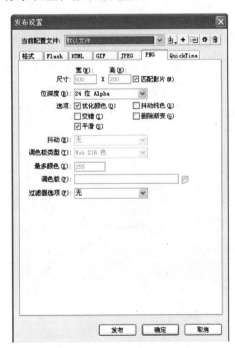

图 8-24 PNG 选项卡

图 8-24 中最后一项【过滤器选项】用于选择 PNG 文件格式的过滤方式,为了使图形压缩效果更好,在压缩前通常对图形进行过滤,包含如下选项。

(1) 无:表示不进行过滤。

(2) 下:表示将记录相邻像素对应字节值的差别。

(3) 上:将记录位于某像素和它上方的像素,所对应字节和其中的值的差别。

(4) 平均:表示使用两个相邻像素所对应字节值的平均值,来判断该像素的对应值。

(5) 线性函数:用于把 3 个相邻像素对应字节的值代入一个线性函数,根据函数值来判断该像素的对应值。

6. QuickTime(.mov)

关于此格式,在 8.2.1 节的导出格式中已经做了详细说明,其参数设置对话框如图 8-25 所示。【尺寸】、【回放】选项设置与 8.2.1 节介绍的相似。

其他主要设置项如下:

(1) Alpha:设置视频作品的 Alpha 属性,即透明度。包含以下 3 个选项:自动、Alpha 透明和复制。

(2)【图层】:设置 QuickTime 播放作品中 Flash 动画层的位置。包括自动、顶部和底部 3 个选项。

(3)【声音流】:对于 Flash 影片中使用的声音,选择是否以 QuickTime 的声音方式进行压缩设置。

(4)【控制器】:选择在导出的 QuickTime 视频作品中使用哪一种播放控制。包括无、标准和 QuickTime VR。

(5)【文件】:设置是否将作品中的外部文件导入对象一起放置在目标视频作品中。如果不选中该项,则发布文件时,将这些外部导入的对象单独以文件形式放置。

当然,在发布之前,单击【发布设置】对话框中的【确定】按钮,保存所做的参数设置,然后可以使用【发布】|【发布预览】命令,并在子菜单中选取需要的格式,打开浏览器窗口或相应的播放器,预览指定发布格式的播放效果,如图 8-26 所示。

图 8-25　QuickTime 选项卡

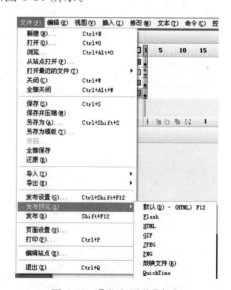

图 8-26　【发布预览】命令

此时,创建临时的预览文件,这些文件放入与源文件相同的目录中,预览结束后,并不自动删除这些文件,它们仍保留在硬盘中。【发布预览】子菜单包括以下命令:

(1) 默认:此选项取决于发布设置。

(2) Flash:在 Flash 自身的测试环境中打开作品。

(3) HTML:打开默认浏览器,使作品根据选择的设置和模板正常显示并正常运行所需的全部 HTML 都包含在浏览器中。

(4) GIF/ JPEG/ PNG:打开默认浏览器,根据发布设置,显示指定位图格式的预览图像。

(5) QuickTime:在 QuickTime Player 中打开动画的 QuickTime 版本。要预览电影的 QuickTime 版本,必须安装 QuickTime,且需注意 QuickTime 的版本。

8.2.3　动画的打包

在网页中观赏 SWF 动画,需要安装插件,即 Flash Player 播放器,如果没有安装,动画文件将无法正常播放。为了在不安装插件的情况下,或插件版本不对应的情况下也能浏览 SWF 动画,可以将作品打包为独立运行的 exe 文件。

exe 文件是一个可以独立运行的应用程序,之所以它不需要安装任何插件而可以独立运行,是因为它是一个捆绑了 Flash Player 播放程序的影片。这样的格式在将制作的 Flash 动画应用到专案项目时(如多媒体光盘、教学课件)经常使用。

将 Flash 动画打包为 exe 文件,有多种方法。第一种方法是最简单的方法,就是通过发布来设置,在【发布设置】对话框中选中【Windows 放映文件】复选框,如图 8-27 所示。

然后单击【发布】按钮,弹出【正在发布】进度框,如图 8-28 所示。

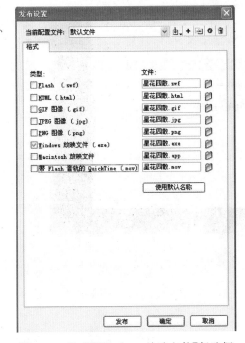

图 8-27　选中【Windows 放映文件】复选框

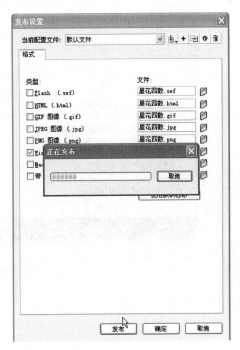

图 8-28　【正在发布】进度框

最后可以在指定的保存位置找到刚刚发布的 exe 文件,如图 8-29 所示。

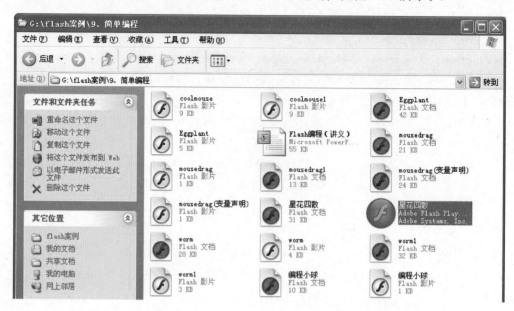

图 8-29　发布的 exe 文件

第二种方法是通过 Flash Player 播放器将正在播放的 SWF 动画文件创建成独立运行的播放程序。在图 8-29 中,双击发布生成的 SWF 动画文件,在打开的【Macromedia Flash Player 8】播放窗口中执行【文件】|【创建播放器】命令,如图 8-30 所示。

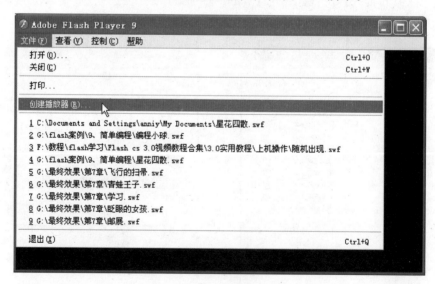

图 8-30　【创建播放器】命令

在弹出的【另存为】对话框中,指定文件的保存路径和文件名,如图 8-31 所示,即可创建相应的 exe 播放程序。

第三种方法与第二种方法基本类似,具体步骤如下:

(1) 找到 Flash Player,打开 Flash 播放器,如图 8-32 所示。

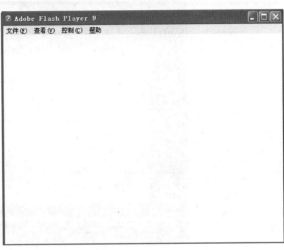

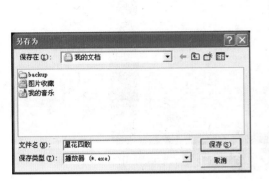

图 8-31 【另存为】对话框　　　　　　　　图 8-32 打开 Flash 播放器

(2) 在播放器中执行【文件】|【打开】命令,弹出【打开】对话框,单击【浏览】按钮,指定文件位置,如图 8-33 所示。

图 8-33 指定文件位置

(3) 使用【文件】|【创建播放器】命令,打开【保存为】对话框,指定文件位置,如图 8-34 所示。单击【保存】按钮即生成 exe 文件。

图 8-34　【另存为】对话框

拓展练习

用前几章涉及的实例,把自己已做好的作品进行一定优化并测试,最后按不同的格式导出或发布,也可以采用不同的方法进行打包。在实践的基础上,深入理解各种优化策略,掌握测试方法,同时掌握导出、发布与打包 Flash 动画的方法。

21 世纪高等学校数字媒体专业规划教材

ISBN	书　　名	定价(元)
9787302222651	数字图像处理技术	35.00
9787302218562	动态网页设计与制作	35.00
9787302222644	J2ME 手机游戏开发技术与实践	36.00
9787302217343	Flash 多媒体课件制作教程	29.50
9787302208037	Photoshop CS4 中文版上机必做练习	99.00
9787302210399	数字音视频资源的设计与制作	25.00
9787302201076	Flash 动画设计与制作	29.50
9787302174530	网页设计与制作	29.50
9787302185406	网页设计与制作实践教程	35.00
9787302180319	非线性编辑原理与技术	25.00
9787302168119	数字媒体技术导论	32.00
9787302155188	多媒体技术与应用	25.00

以上教材样书可以免费赠送给授课教师,如果需要,请发电子邮件与我们联系。

教学资源支持

敬爱的教师:

感谢您一直以来对清华版计算机教材的支持和爱护。为了配合本课程的教学需要,本教材配有配套的电子教案(素材),有需求的教师可以与我们联系,我们将向使用本教材进行教学的教师免费赠送电子教案(素材),希望有助于教学活动的开展。

相关信息请拨打电话 010-62776969 或发送电子邮件至 weijj@tup.tsinghua.edu.cn 咨询,也可以到清华大学出版社主页(http://www.tup.com.cn 或 http://www.tup.tsinghua.edu.cn)上查询和下载。

如果您在使用本教材的过程中遇到了什么问题,或者有相关教材出版计划,也请您发邮件或来信告诉我们,以便我们更好地为您服务。

地址:北京市海淀区双清路学研大厦 A 座 708　　计算机与信息分社魏江江　收

邮编:100084　　　　　　　　　　　　电子邮件:weijj@tup.tsinghua.edu.cn

电话:010-62770175-4604　　　　　　邮购电话:010-62786544

《网页设计与制作》目录

ISBN 978-7-302-17453-0　　蔡立燕　梁　芳　主编

图书简介：

　　Dreamweaver 8、Fireworks 8 和 Flash 8 是 Macromedia 公司为网页制作人员研制的新一代网页设计软件，被称为网页制作"三剑客"。它们在专业网页制作、网页图形处理、矢量动画以及 Web 编程等领域中占有十分重要的地位。

　　本书共 11 章，从基础网络知识出发，从网站规划开始，重点介绍了使用"网页三剑客"制作网页的方法。内容包括了网页设计基础、HTML 语言基础、使用 Dreamweaver 8 管理站点和制作网页、使用 Fireworks 8 处理网页图像、使用 Flash 8 制作动画、动态交互式网页的制作，以及网站制作的综合应用。

　　本书遵循循序渐进的原则，通过实例结合基础知识讲解的方法介绍了网页设计与制作的基础知识和基本操作技能，在每章的后面都提供了配套的习题。

　　为了方便教学和读者上机操作练习，作者还编写了《网页设计与制作实践教程》一书，作为与本书配套的实验教材。另外，还有与本书配套的电子课件，供教师教学参考。

　　本书适合应用型本科院校、高职高专院校作为教材使用，也可作为自学网页制作技术的教材使用。

目　　录：